Stable Diffusion技巧与应用（第2版）

Paper 朱 编著

人民邮电出版社

北 京

图书在版编目（CIP）数据

Stable Diffusion 技巧与应用 / Paper 朱编著.

2 版. -- 北京：人民邮电出版社, 2025. -- (AI 绘画教

程). -- ISBN 978-7-115-66733-5

I. TP391.413

中国国家版本馆 CIP 数据核字第 20253P8V14 号

内 容 提 要

这是一本关于 AI 绘画的教程，旨在帮助读者掌握基本的 AI 绘画方法及实际应用技巧。

第 1 章从 AI 绘画时代到来的角度切入，介绍 AI 绘画的发展、AI 绘画对未来工作岗位的影响，以及画师如何在当前环境下提升竞争力等内容。第 2 章介绍如何使用本地部署版的 Stable Diffusion 进行 AI 绘画。第 3 章讲解稍复杂的 AI 绘画模型训练。第 4 章介绍 Comfy UI 的节点流程化操作。第 5 章和第 6 章分别介绍 AI 动画基础操作和基于 AI 动画的概念艺术电影制作案例。第 7 章介绍 AI 绘画与虚拟人的结合案例。第 8 章介绍常见的 AI 绘画网站，以及 AI 绘画在电商设计、人像写真、建筑设计、漫画制作、IP 设计和游戏美术设计领域的商业应用案例。

本书适合美术及设计专业的学生与相关工作人员，以及插画爱好者学习、参考。希望读者通过阅读本书，能了解并掌握 AI 绘画的原理、方法和技巧，提升绘画效率。

◆ 编　　著　Paper 朱

　　责任编辑　张玉兰

　　责任印制　陈　犇

◆ 人民邮电出版社出版发行　　北京市丰台区成寿寺路 11 号

　　邮编 100164　电子邮件 315@ptpress.com.cn

　　网址　https://www.ptpress.com.cn

　　北京瑞禾彩色印刷有限公司印刷

◆ 开本：787×1092　1/16

　　印张：13.5　　　　　　　　2025 年 8 月第 2 版

　　字数：473 千字　　　　　　2025 年 8 月北京第 1 次印刷

定价：99.80 元

读者服务热线：(010)81055410　印装质量热线：(010)81055316
反盗版热线：(010)81055315

AIGC（Artificial Intelligence Generated Content，人工智能生成内容）经过一年的快速发展期，AI绘画的应用场景逐渐变得丰富起来，无论是大语言模型还是生成式绘画都已经被广泛应用。同时，随着"二次元"文化在年轻人群体中的广泛传播，AI绘画进入了更多年轻人的视野，这使得AI绘画的受众群体越来越庞大。国内的AI绘画网站和社区也从无到有，并诞生了一大批活跃的团体。

随着AI绘画工具的不断更新与完善，本书第1版的部分内容已经落后，需要更新。第2版减少了很多细节内容，同时添加了更加丰富的应用场景和多元化的工具，并对有关内容进行了全面更新。此外，第2版内容丰富，涵盖多个商业应用领域，如电商设计、人像写真、建筑设计等。如今，AI绘画的门槛已大大降低，无论是企业还是个人，都能通过AI绘画来提升工作效率。

本书采用由易到难、由浅入深的编写方式。第2章到第8章精心设计了一些能够加深读者对AI绘画理解的小作业，读者可以通过独立完成小作业的方式来巩固AI绘画操作技巧，以在实践中不断探索新技能的使用方式。如果读者能完成这些富有挑战性的小作业，那么即使AI绘画工具不断更新迭代，读者也能凭借这种探索方式不断进步和提升。

希望本书能够让读者对AI绘画的理论和应用有更深层次的理解。这里要感谢所有AI绘画相关开源内容的创作者，是他们的热情付出让全世界的AI绘画社区能够更加开放、活跃。衷心地祝愿每一位读者都能享受这趟AI绘画之旅！

Paper朱

2025年5月

目录 CONTENTS

第❶章 奋进中的生产力——AI绘画时代的到来 / 007

1.1 初识AI绘画 / 008

1.1.1 AI绘画的"前世今生" / 008

1.1.2 扩散模型——让AI绘画迅速落地的"幕后推手" / 010

1.2 为什么要学习AI绘画 / 010

1.2.1 学习AI绘画的意义 / 011

1.2.2 AI绘画对未来工作岗位的影响 / 011

1.3 AI绘画工具的优点及应用场景 / 012

1.3.1 AI绘画工具的优点 / 012

1.3.2 AI绘画工具的应用场景 / 012

1.4 画师如何提升竞争力 / 014

1.4.1 积极学习并利用AI绘画 / 014

1.4.2 提升个人美学素养 / 014

第❷章 绘画工具Stable Diffusion的安装与操作 / 015

2.1 Stable Diffusion基本情况 / 016

2.2 本地部署合适的运行环境 / 016

2.2.1 下载并安装Web UI运行环境 / 016

2.2.2 添加模型训练集 / 021

2.2.3 常见问题合集 / 024

2.3 Stable Diffusion基础界面介绍 / 026

2.3.1 图片生成界面 / 026

2.3.2 模型训练界面 / 030

2.3.3 操作设置界面 / 032

2.3.4 插件安装界面 / 034

2.4 尝试用Stable Diffusion绘画 / 035

2.4.1 利用"txt2img"绘画 / 035

2.4.2 利用"img2img"绘画 / 038

2.5 多元效果的进阶表现 / 040

2.5.1 "前缀+主体+背景"的三段式标准描述 / 040

2.5.2 细分主体与强化叠加描述词 / 042

2.5.3 视角及光影的表现 / 045

2.5.4 ControlNet插件的安装和使用 / 049

2.5.5 模型画风的融合 / 055

2.5.6 稳定的局部重绘 / 058

第❸章 AI绘画模型训练 / 063

3.1 训练前的准备 / 064

3.1.1 训练素材的选择及处理 / 064

3.1.2 LoRA训练软件的下载及安装 / 064

3.2 LoRA模型训练的基本流程 / 067

3.2.1 训练环境的参数设定 / 067

3.2.2 训练并正确使用LoRA模型 / 069

3.3 Checkpoint模型训练的 基本流程 / 076

3.3.1 配置训练环境 / 076

3.3.2 训练并优化模型 / 080

3.4 风格化LoRA及模型推荐 / 082

3.4.1 风格化LoRA推荐 / 082

3.4.2 风格化模型推荐 / 084

第❹章 Comfy UI 的节点流程化操作 / 087

4.1 Comfy UI概述 / 088

4.1.1 Comfy UI与Web UI的对比 / 088

4.1.2 Comfy UI安装及模型置入 / 088

4.2 Comfy UI界面与操作方法 / 091

4.2.1 Comfy UI界面 / 091

4.2.2 生成一个程序化AI图像 / 093

4.3 Comfy UI常用技巧 / 097

4.3.1 运用ControlNet和IP-Adapter插件 / 097

4.3.2 图生图、图片放大和图片修复 / 102

4.4 Comfy UI实操案例 / 105

4.4.1 制作风格化图片 / 105

4.4.2 局部重绘 / 108

4.4.3 图片扩展 / 112

4.4.4 实时重绘 / 118

第❺章 AI动画基础操作 / 121

5.1 4个AI动画生成网站 / 122

5.1.1 Runway Gen-2 / 122

5.1.2 Pika / 124

5.1.3 Kaiber / 125

5.1.4 Lensgo / 127

5.2 基于Stable Diffusion的本地AI动画 部署方案 / 128

5.2.1 EbSynth安装方法 / 128

5.2.2 EbSynth插件的AI动画创作流程 / 130

5.3 常见的AI动画工作流 / 135

5.3.1 MMD+Stable Diffusion的AI动画工作流 / 135

5.3.2 基于真人视频的AI动画工作流 / 136

5.3.3 基于DCC软件的AI动画工作流 / 136

5.4 AnimateDiff插件的AI动画创作 流程 / 138

5.4.1 AnimateDiff插件安装与配置 / 138

5.4.2 使用AnimateDiff流程的优点 / 140

5.4.3 利用AnimateDiff制作固定人物动画的全流程 / 141

5.5 Deforum插件的AI动画创作 流程 / 145

5.5.1 Deforum插件安装与配置 / 145

5.5.2 制作瞬息穿越视频 / 146

第6章 基于AI 动画的概念艺术电影制作案例 / 149

6.1 电影大纲整理 / 150
6.1.1 前期准备 / 150

6.1.2 脚本撰写 / 150

6.2 从构想到制作 / 151

6.3 视频后期处理 / 160
6.3.1 内容修改及润色 / 160

6.3.2 AI音频工具的使用 / 168

第7章 AI绘画与虚拟人的结合案例 / 171

7.1 利用AI绘画工具绘制人物立绘样图 / 172
7.1.1 确定人物的美术风格 / 172

7.1.2 虚拟人立绘样图制作及优化 / 173

7.2 利用AI-Vtuber和Live2D制作可互动人物 / 175
7.2.1 软件安装及使用准备 / 175

7.2.2 Live2D动画采集 / 178

第8章 AI绘画网站及商业应用案例 / 181

8.1 常见的AI绘画网站 / 182
8.1.1 LiblibAI / 182

8.1.2 CIVITAI / 183

8.2 AI绘画与商业应用案例 / 186
8.2.1 AI绘画与电商设计 / 186

8.2.2 AI绘画与人像写真 / 195

8.2.3 AI绘画与建筑设计 / 199

8.2.4 AI绘画与漫画制作 / 205

8.2.5 AI绘画与IP设计 / 208

8.2.6 AI绘画与游戏美术设计 / 211

第 1 章
奋进中的生产力
——AI 绘画时代的到来

本章介绍AI绘画的基本概念、发展历程，AI绘画工具的优点、应用场景等内容。希望读者能够掌握AI绘画的基础知识，从而提升自身的专业竞争力。

1.1 初识AI绘画

下面将介绍AI（Artificial Intelligence，人工智能）绘画的发展历程，并带领大家逐步深入了解近年来AI绘画火爆的根本原因——扩散模型的广泛应用。

1.1.1 AI绘画的"前世今生"

20世纪70年代，艺术家哈罗德·科恩（Harold Cohen）通过开发计算机程序AARON来尝试绘画。AARON通过控制实体机械臂的方式模拟人类手臂进行绘画，如今已经可以绘制较为抽象的色彩画。由于其代码并没有开源，因此我们无法了解其绘画细节。虽然这样的程序主要通过无代码的方式执行哈罗德·科恩教授本人对绘画的指令，并不算是真正的AI绘画，但鉴于这是极早期的尝试之一，我们可称其为"AI绘画的鼻祖"。

2012年，AI领域的专家吴恩达与杰夫·迪安（Jeff Dean）通过使用1.6万个CPU训练出深度学习网络，并让计算机使用网络上的1000万个猫脸图片进行为期3天的训练，得到能识别出猫脸的AI程序。2014年，GAN（Generative Adversarial Network，生成式对抗网络）模型一经提出便极大影响了学术界在AI领域的探索方式，并在很多领域得到广泛应用。GAN模型是早期AI绘画模型的基础框架，这一深度学习模型的出现极大地推动了AI绘画的发展。不过，当时的它更像是对已有画作进行模仿，就如常见的手机修图软件一样，只能便捷地给图片添加滤镜，却不能真正地改变或创新图片内容。此后，很多科技公司（如Google）不断尝试对AI绘画模型进行改进和创新。直到2017年，由Facebook和相关领域的大学教授合作研究出了CAN（Creative Adversarial Network，创造性对抗网络）模型，AI才真正可以生成具有创造性的绘画作品。该模型在绘画（抽象类画作）中所展现出的创造性令参与研究的人员感到震惊：对不了解情况的人来说，很难辨别出是否出自画师之手。

2021年，OpenAI团队开源了新的深度学习模型CLIP（Contrastive Language-Image Pre-training，对比文本–图像预训练）模型。CLIP模型通过使用大约4亿个"文本–图像"的标注训练数据，用了很长的训练时间，终于得到了能理解自然语言的能力。该AI工具与之前最大的不同是，它能自动理解输入的特定文本并输出图像。到这一阶段，AI绘画工具的基础框架已经搭好。OpenAI在2021年初发布的初代DALL-E绘画系统与CLIP模型其实都采用了Transformer架构，已经比之前的"AI滤镜"好很多了，只是DALL-E是不开源的，而"CLIP+VQGAN"是开源的。随着扩散模型（Diffusion Model）开始在AI绘画领域应用，GAN模型逐渐退出历史舞台。

2022年2月发布的Disco Diffusion是第一个将CLIP模型和扩散模型相结合的AI绘画工具，它可以生成任何你能用文本描述出来的图像。其创作的作品具有超前的概念性和艺术性，内容可以理解，但细节刻画不足，因此很难被认为是真正意义上的绘画。2022年7月，Stable Diffusion（又称Stable Diffusion Web UI，这是上传者对这一绘画工具的命名，本书统一称作"Stable Diffusion"）的发布才算是真正打开了AI绘画商业化的大门。Stable Diffusion通过尽可能保留图像细节并将其降到更低维度的潜在空间（Latent Space）后再进行模型训练和图像生成计算，使生成图像的时间大幅缩短，对硬件的要求也大大降低。

从2022年2月到2022年11月，就在这短短的时间内，AI绘画经历了从Disco Diffusion到Stable Diffusion 2.0的变革，其发展速度远超人们预期。这得益于为AI绘画开源作出贡献的所有人员。正因为有开源技术的存在，才有如今AI绘画的大放异彩。

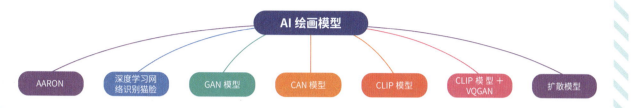

2022年可以说是AIGC蓬勃发展的变革元年，从2月到11月，AI绘画经历了从获得认可到"出圈爆火"的历程。随着AI绘画的"爆火"，越来越多的企业加快了布局AIGC的速度，不只是AI绘画，更有AI视频、AI建模、AI语音和AI聊天等。AI绘画的"爆火"也引发了人们的激烈讨论，争议点在于AI绘画对于社会发展是好还是坏。对一些企业来说，AI绘画将使用人成本显著降低，职业画师的可替代性越来越高；对画师来说，这无疑是巨大的打击。普通人想使用画笔绘制一幅比例正确、透视准确且画风能让广大消费者满意的绘画作品，往往需要长年累月的学习和练习，以及对画面要素的深刻领悟和对绘制技巧的熟练掌握。而使用AI绘画，只需要输入一段文字，就能在短时间内获得一幅绘画作品，甚至进一步通过关键词的调整和筛选，可以获得一幅震撼人心的作品。

无论人们对AI绘画的态度如何，AI绘画都已不知不觉地进入人们的日常生活。日后，手绘（包括板绘）仍然是绘画领域的主流，不过AI绘画将成为生产力的重要组成部分，其应用包括概念设计、草图绘制等。未来甚至可能会专门开展AI绘画相关的艺术比赛，这类比赛注重画师的美学素养对画面的影响。此外，ChatGPT（聊天机器人模型）也进入了大众视野。这意味着你可以利用AI书写完整的目标代码，甚至可以将ChatGPT与VITS语音系统相结合，制作一个AI个人助理并让其进行绘画。让ChatGPT负责文本沟通，用VITS制作喜欢的语音，当然这还需要一些其他程序的辅助。AI绘画的发展潜力及应用场景随着AIGC领域的更多突破在不断拓展，学习AI绘画对个人的发展有一定的好处。

在学习AI绘画的过程中，要着重注意版权问题。目前AI绘画仍处于野蛮生长阶段，国内外的企业和机构不断地推出新的AI绘画工具，其中不少企业和机构无视画作的版权问题。唯有健全相应的法律法规，企业或者个人在训练时公布自己所用训练画面的素材来源并给予相应报酬，不强行引入被画师们标为"不允许用于AI绘画训练"的素材，这样AI绘画才更有可能健康、繁荣地发展下去。

1.1.2 扩散模型——让AI绘画迅速落地的"幕后推手"

Stable Diffusion取得成功少不了其背后飞速发展的扩散模型的推动。在扩散模型出现前，人们使用GAN模型或VAE(Variational Auto Encoder，变分自编码器)模型更多一些。和GAN模型相比，VAE模型采用较为迂回的方式生成目标，相同的是它们都是深度生成模型，都具备从较为简单的随机分布噪声中生成带有复杂分布的数据的能力。但是VAE模型有一个比较大的劣势，就是其本身不使用对抗网络，生成的图片比较模糊，且其复杂的变分后验选择也使得该模型很少被单独使用，往往是人们根据不同目标将其与不同模型混合使用。在模型的训练上，VAE模型需要一个编码器和一个解码器才能正常使用，而GAN模型只需一个生成器即可工作。在模型的初步训练上，GAN模型具有一定优势，不过仍然需要训练额外的判别器，这使得工作量和难度大大增加。无论是VAE模型还是GAN模型，都无法较好地达到效率和质量的平衡。而扩散模型的提出和完善真正解决了训练AI绘画模型的痛点。

早在2015年就有专家提出"扩散模型"的概念，但限于年代和研究重心的不同，当时提出的扩散模型和现在的扩散模型差距较大，且无法真正落地到应用层面。直到2020年，一项名为DDPM的研究提出后，扩散模型落地应用的大门才被打开。之后很多专家揭示了扩散模型的连续版本对应的数学背景，并且将去噪分数匹配和DDPM中的去噪训练统一，这才有了现在常见的扩散模型。目前的扩散模型凭借出色的应用能力和效果，可以带来许多实用的落地成果，这使得它成为热门的图像生成模型。Disco Diffusion、Stable Diffusion、DALL-E 2、Midjourney等AI绘画工具都基于扩散模型。

AI绘画模型的训练离不开数据(也就是训练集)，这些数据包括非AI创作的图像、画师的手绘及板绘作品等。AI绘画模型通过大量、反复的识别图像训练来认识并理解绘画内容。但这是一个新兴领域，很多模型训练其实无偿使用了画师的作品，而这些用于训练的作品很难受到版权保护。这让众多经过大量练习而成长起来的画师不能接受。AI绘画的商业化应用仍然任重而道远。

1.2 为什么要学习AI绘画

从集成各类AI工具到基于开源代码研发自己独有的工作流软件，AI绘画在美术设计行业大放异彩。一个训练有素、能快速适应AI绘画工具的画师，其生产效率将比没有AI辅助的画师高很多。一些较大的公司已经开始公开招募AI绘画调参师等岗位的员工。在另一个层面，随着AI绘画的迅速落地，很多大公司开始裁撤美术外包团队。对很多在职的职业画师来说，AI绘画已经成为必修课程。值得注意的是，学会了AI绘画并不表示成了绘画大师，学习者依然需要不断提升自己的美学修养，让自己的审美水平能够在AI绘画结果中体现出来。

1.2.1 学习AI绘画的意义

绘画作为一种艺术形式，始终离不开人的主观表达。它蕴含着情感和精神，能让我们看到一个超脱于现实世界的艺术世界。无论时代如何变迁、社会如何变革，绘画的意义都从未改变。社会变革对绘画的影响首先体现在绘画媒介和传播媒介，即由纸笔手绘到板绘，由现实传播到互联网传播。而今，绘画媒介进一步发展到AI绘画，这种方式与传统的绘画方式和艺术形式相比有着极大的不同，有的人认为它在某种意义上消解了艺术。尽管AI绘画存在许多争议，但是不可否认的是它出现了，而且是社会发展的必然产物。AI绘画能显著提高文创、文娱类产业的工作效率，并且能降低成本。AI绘画已经在影视、游戏概念设计领域得到了应用，目前处于高效探索阶段。许多个人绘画爱好者开始利用AI绘画工具快速绘制个人艺术设计方案草图并不断优化，使其无限接近自己期望的效果。AI绘画无论是在B端（商家用户端）还是在C端（个人用户端），都能提供全新的使用场景，以满足应用需求。但是绘画作为一项艺术行为，其本质仍然是以人为主导的，AI并不能完全替代人。笔者认为，为满足商业需要而用AI生成的绘画作品不应被称为完全意义上的艺术品，更准确的说法应该是"工业化AI艺术品"。而倾注了艺术家的情感和心力，并通过不断优化产出的AI绘画作品不能单纯归为工业化作品，因为其满足了个人的精神需要和艺术需求，已经能算作艺术品了，且其由AI创作，所以称为"AI艺术品"更为合适。目前，AI绘画作为一种新兴的艺术形式正在野蛮生长，当更完善的模型和相关版权保护法律法规出现的时候，AI绘画才能在视觉艺术领域被更多人所接受。相信在AI相关生态链越来越完善的将来，AI绘画能自成一派。

1.2.2 AI绘画对未来工作岗位的影响

在未来的美术类行业中，很有可能会出现类似AI关键词调教师、AI大模型训练师、AI美术策划、AI模型贴图师、AI动画师等岗位。这些岗位的工作人员将是新一轮产业革命的先锋。与其他AIGC领域的人才一样，这些人优秀与否往往决定了一个公司的工业化AI内容生产水平的高低。他们将利用AI来提升团队整体的工作效率，特别是在游戏领域。

在早期AI绘画领域"百家争鸣"的局面下，可能会有非常多不规范的使用行为，这将大大影响艺术创作者的利益和创作动力。版权的归属问题是影响AI绘画发展的巨大阻力。未来很可能会诞生AI版权鉴定师这类新的职业，该类职业集监督与判断等职能于一体，通过专业研究各大艺术创作者的人工作品，并和一些特定的或需要鉴别的AI绘画作品进行对比，来判断是否存在版权纠纷。这样的岗位往往需要有丰富的艺术经验的人来胜任，放眼世界，这样的人才资源也非常稀缺。为了降低难度，未来很可能会有专门的软件、算法甚至AI工具来协助这类职业的从业人员进行判断。

1.3 AI绘画工具的优点及应用场景

在AI绘画的冲击下，越来越多的行业开始使用AI绘画工具来提升效率、降低成本。原先要画一个月的需求图，如今只需几天便能完成。不只是游戏、美术行业，AI绘画在其他领域也正掀起革命。

1.3.1 AI绘画工具的优点

AI绘画工具能迅速盛行起来，必然有其值得称道的优点。下面从3个方面分别进行阐述。

首先，在创意方面，AI绘画工具能实现全自动化的图像创作和编辑，使用者只需提供提示词便能获得想要的画面。在此基础上，还可以进一步优化提示词并调整相关参数，以及使用插件，让结果更完美。在这个过程中，AI绘画模型非常关键。人们可以从网站上找到各种他人提供的AI绘画模型，也可以自己训练所需要的模型，通过各种调整与尝试获得自己想要的效果。

其次，在效率方面，AI绘画工具能够在极短的时间里生成大量图片。这极大地降低了制作成本，让设计者得以更专注于对美学的深层次探究。同时，AI绘画工具可以对抽象的内容进行具象化表达。无论是一个突然萌生的想法，还是一段对特定抽象需求的描述，都可以通过AI绘画工具快速地进行完整呈现。

最后，在学习能力方面，AI绘画工具具有超强的学习能力。AI绘画工具可以通过数量上的叠加完成对画面要素的识别训练，从而学会新的绘画风格。这也是AI绘画工具被越来越多的美术行业从业者所接受的原因之一。设计者可以用以往项目中的作品训练出模型，并将其应用于新的流程，这在灵感辅助、概念设计等方面有巨大帮助。

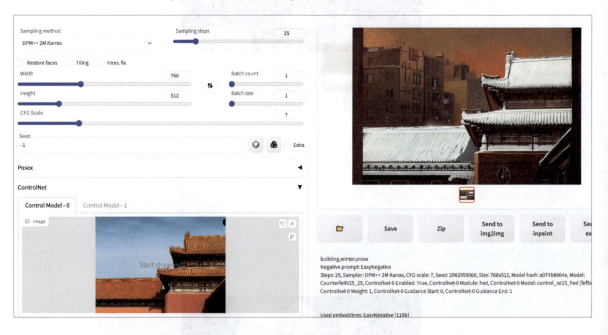

1.3.2 AI绘画工具的应用场景

在应用场景上，这里主要分为两个方向，分别是设计类方向和非设计类方向。

AI绘画工具在设计类方向的应用较普遍。对互联网公司来说，很多手机App都集成了将照片（或图像）一键转换为动漫风格或其他各类可控的模型风格的功能。对游戏公司来说，越来越多的公司开始使用AI绘画工具来制作与项目画风一致的模型，以快速生成美术素材（如角色原画、场景原画、UI图标、广告图片等）。特别是游戏项目的主策划人和首席游戏图形设计师，他们可以通过AI绘画工具快速生成自己想要的效果，从而让项目组其他同事快速领悟具体落地的效果，提高沟通效率。对建筑设计、室内设计和载具设计等设计行业的从业者来说，可以通过AI绘画工具和各类插件的搭配实现快速、精准出图，为甲方提供大量的候选方案，从而提升效率。不过，从行业的长期发展来看，使用AI绘画工具进行设计可能会导致设计方案的价格大幅降低。而且，随着AI绘画工具在市场范围内的广泛应用，"AI+设计师"的工作效率往往能达到传统设计师的数倍，这也将导致设计岗位大幅减少。

在非设计类方向，AI绘画工具也有非常多的应用。例如，人们可以通过AI绘画工具的重绘功能使短视频中的人物变成任何想要的风格。虽然当下AI动画还存在效果闪烁、随机性大等问题，但以目前的发展速度来看，在不久的将来就可能会出现能制作性能稳定的AI动画的工具。例如，AI短片《石头、布、剪刀》通过AI绘画工具绘制人物，利用绿幕和虚幻引擎，很好地降低了背景的随机性，提高了动画的可控程度。在娱乐产业方面，低门槛化的AI动画制作将带来自媒体动画的井喷式发展。

1.4 画师如何提升竞争力

在AI绘画普及的时代，对画师来说，传统的绘画能力将不再是其核心竞争力的唯一衡量指标，"AI绘画+优秀的审美"可能才是未来画师的核心竞争力的体现。

1.4.1 积极学习并利用AI绘画

即使在AI绘画普及的时代，画师也不必担心完全被AI取代。首先，AI难以创造新内容、新风格，它只能通过对已经存在的数据和内容进行反复融合产生小幅度的创新，没有人参与的AI绘画作品很难拥有灵魂。其次，AI绘画对情绪和情感的理解能力不足，无法很好地表现细微的情感，就算画师可以通过提示词进行约束，表情的表现效果也几乎是千篇一律的。对绘画初学者来说，在对绘画的理解尚且有限、对细节的把控力相对不足、美学素养还比较欠缺的情况下，不能完全将由AI完成的绘画作品当作自己的作品，还需要提升自己对构图、透视关系、色彩等的把控能力。这些能力也可以通过利用AI生成练习参考图来进行有针对性的练习。例如，要提升色彩应用能力，那么就利用AI快速生成不同色彩搭配的图，学习、总结不同图片配色的区别与优缺点，由此提升自己；还可以尝试分析大师们的作品，观察优秀画作中每一个震撼人心的细节。AI绘画越智能，画师就越要注重绘画基础，扎实的绘画基础可助力画师提升审美能力，进而分辨AI画作的好坏。

1.4.2 提升个人美学素养

美学素养就是审美，每个人的审美都是不一样的，不同的人对美的表达也是不同的。审美水平是在不断创作的过程中和对优秀作品的理解和感悟中慢慢提升的，多看、多尝试、多思考是提升审美水平的有效方法。可以多与优秀的画师进行交流，参考他们给出的建议；还可以找准一个自己喜欢的方向，进行有针对性的练习和思考，坚持赏析优秀作品，多做临摹练习。

在如今多元化的网络时代，很多人每天接触的信息是过剩的。如果想提高美学素养，学会遴选信息、坚持学习是必不可少的。美学素养永远是个人的核心竞争力之一，它会在方方面面体现出来。纵然AI绘画工具不断更新，我们也不要被各类惊叹AI发展的信息所蒙蔽，要永远记住有人参与的艺术才是真正的艺术。

第 2 章
绘画工具 Stable Diffusion 的安装与操作

本章介绍Stable Diffusion的基本情况、运行环境的本地部署、基础操作界面，初步尝试用Stable Diffusion绘画及多元效果的进阶表现。读者可以学习如何搭建Stable Diffusion的运行环境，并掌握其基本功能与高级应用，为后续的学习打下坚实的基础。

2.1 Stable Diffusion基本情况

Stable Diffusion作为一款开源模型，有很多在线版本，也有离线版本。一般在线版本会收取一定的费用，而离线版本不会，且离线版本的模型可以根据需要任意选择，可拓展性强。2022年10月，Stable Diffusion尚处于较为常规的阶段，即使推出了Stable Diffusion 2.0，也没能解决AI绘画最难跨越的可控性问题。2023年1月，基于Stable Diffusion的LoRA和ControlNet插件推出。这两个插件极大地提升了AI绘画的可控性，为AI绘画进一步解放生产力提供了强有力的支撑。比如，在游戏设计行业中，原画师可以使用Stable Diffusion获得游戏概念设定的构思和灵感，提高工作效率。随着新插件和AI绘画网站的增多，更多的人加入训练Stable Diffusion模型的队伍中。2023年7月，Stable Diffusion XL（简称SDXL）大模型的发布带来了AI绘画效果的史诗级提升。2024年6月，Stable Diffusion 3.0的发布让AI绘画的多样性和生成速度有了长足进步。由于Stable Diffusion的不断迭代和进步，其对人物的绘制效果已经达到了照相机的级别，在对不同风格角色的描绘训练中也能够很好地把握训练素材的特征。或许不久之后，AI绘画的发展速度又将呈指数级提升，届时配合类似ChatGPT这样的语言模型便可轻松获得想要的画面。当然，AI绘画工具不止Stable Diffusion这一个，还有Midjourney、DALL-E 2等，但类似后面两者的这些产品大都没有开源，其拓展性和知名度不如Stable Diffusion。

因为Stable Diffusion离线版本开源且拓展性极强，加装一些插件后，其输出效果比在线版本的还好，所以本书将着重介绍离线版本。安装Stable Diffusion对计算机的配置有一定的要求，主要体现在显存方面：显存容量越大，生成高分辨率画面的速度越快，画面效果越好，也能有效降低软件崩溃的概率。这里推荐使用8GB及以上的显卡，实际应用中也可以使用4GB或6GB的显卡。其中GTX和RTX系列的显卡是针对游戏的高性能显卡，其架构完善，能更好地适应各类使用场景，是不错的选择。如果预算充足，可以购买最新的显卡；如果预算有限，可以购买往年推出的旗舰显卡。安装Stable Diffusion对计算机的CPU没有特别的要求，只要其能与显卡相匹配，代差不要太大即可。

2.2 本地部署合适的运行环境

将Stable Diffusion部署到本地计算机需要安装相应的运行环境，在安装过程中可能会遇到一些问题，本节将进行介绍和解答。

2.2.1 下载并安装Web UI运行环境

如果将AI绘画软件比喻成一个汽车制造厂，那么各种各样的AI绘画图片就是所造的汽车，本地部署的运行环境就相当于汽车制造厂的配套设施，没有这些配套设施，汽车制造厂就无法正常运转。

首先需要安装Python和Git环境，不过在这之前我们先找到Stable Diffusion Web UI项目的网页，可以通过项目网页进行安装。打开GitHub，在右上方的搜索框中输入"WEBUI"并按Enter键进行搜索。

选择第一个带有"stable-diffusion-webui"字样的项目。

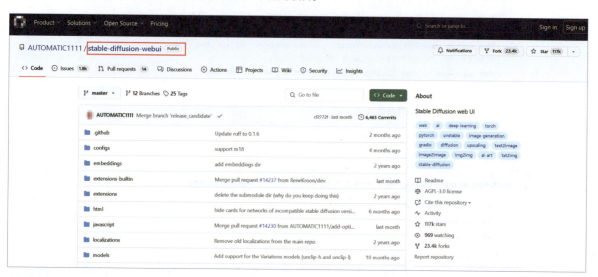

Tips 在编写本书时，Web UI已经更新到1.7.0版本，新老版本差别不大，只是一些模块布局有所改变，核心功能及使用方式基本没有变化。

　　向下滚动鼠标滚轮，在页面中找到安装介绍栏目，此时可以打开浏览器自带的翻译功能。找到"Automatic Installation on Windows"，单击蓝色文字"Python 3.10.6"和"git"即可下载对应的安装包。在安装Python的过程中要勾选"Add Python to PATH"选项，Git的安装保持默认选项即可。

Automatic Installation on Windows

1. Install Python 3.10.6 (Newer version of Python does not support torch), checking "Add Python to PATH".
2. Install git.
3. Download the stable-diffusion-webui repository, for example by running `git clone`
4. Run `webui-user.bat` from Windows Explorer as normal, non-administrator, user.

向下滚动鼠标滚轮，找到"Installation and Running"，这里是Web UI本体的安装区域。目前新版本的安装过程简化了许多操作环节，很好上手。总的来说有两种安装方式：一种是下载安装包直接自动更新和启动，另一种是利用Git拉取GitHub项目复制到本地。

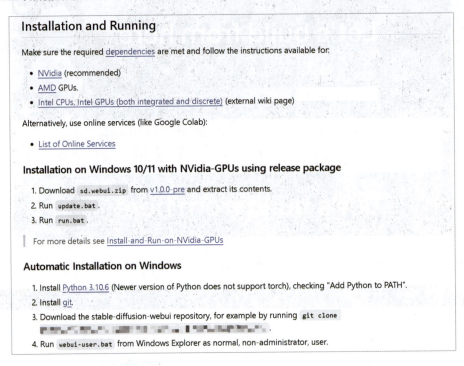

下载安装包直接自动更新和启动的具体操作如下。

找到"Installation on Windows 10/11 with NVidia-GPUs using release package"，然后单击蓝色文字"v1.0.0-pre"进入对应的下载页面。

在下载页面中找到"sd.webui.zip"并单击，建议选择网速最快的通道下载。随后创建一个文件夹，将下载好的压缩包放进去并解压文件。

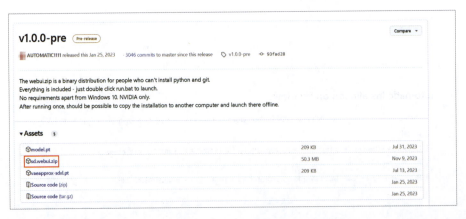

此电脑 › studying data (F:) › webui1.7 › sd.webui ›

名称	修改日期	类型	大小
system	2023/1/25 3:13	文件夹	
webui	2023/1/25 5:49	文件夹	
environment	2023/11/9 11:01	Windows 批处理...	1 KB
run	2023/1/25 2:11	Windows 批处理...	1 KB
update	2023/1/25 5:49	Windows 批处理...	1 KB

在解压后得到的文件夹中双击"update"文件以自动更新相关组件，待更新完毕后，CMD（命令提示符）窗口最下面会显示"请按任意键继续…"。这时我们可以按任意键直接关闭当前窗口。注意，如果"update"文件没有正常运行，那么一定是Python没有正确安装（忘了勾选"Add Python to PATH"选项）或者网络有问题（未选择网速最快的通道）。

双击"run"文件，Web UI的文件会自动更新和启动，此时保持网络畅通即可。刚开始会下载一个大小为2.6GB的"torch"文件和相应配置文件，这个过程可能相对慢一些；在"torch"文件和相应配置文件下载完毕后，会下载一些Web UI运行所需的其他组件等。整个过程会持续1～2小时。

注意，当出现下面这种报错信息时，通常是网络问题，是在下载对应地区的配置文件时遇到了错误，这时要确认网络加速器的代理功能是否开启，并删除位于"C:\Users\username\AppData\Local\pip\cache"下的pip缓存。

例如，在笔者计算机的缓存目录中，将"cache"文件夹中的所有文件删除。

找到"AppData\Roaming\pip\pip.ini"文件并用记事本格式打开，可以看到有一个网页地址，将其删除或者更换为其他源即可。

这里笔者直接将"index-url="后面的网页地址删除，然后再次双击"run"文件，经过一段时间的加载后就开始正常下载了。下面是在下载Stable Diffusion 1.5的基础大模型文件时的窗口，等到所有安装都结束时会自动弹出Web UI启动界面，可以看到下方的版本号是1.7.0（后续会持续更新版本）。

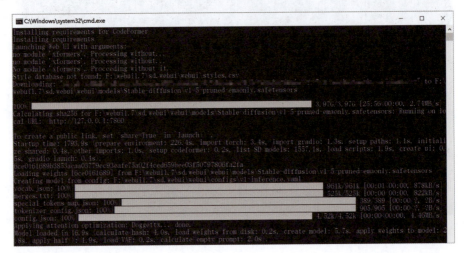

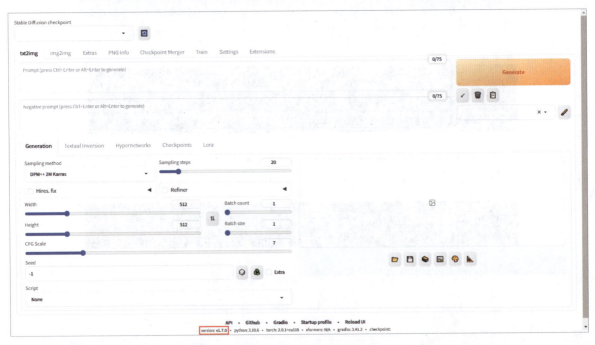

以上就是Web UI本地部署的完整过程。完成Web UI本地部署的计算机可以进行最基础的AI绘画操作，当然，在形成真正的生产力之前还需要安装许多插件。

2.2.2 添加模型训练集

在正式使用Web UI之前，还要给它添加模型训练集，也就是AI绘画的大模型。常见的模型格式有Checkpoint和Safetensors。由于Safetensors比Checkpoint安全，所以用Safetensors的人越来越多。当然这里有一个问题——如何获得这些大模型呢？可以通过登录LiblibAI、CIVITAI等网站下载。下图展示的是CIVITAI网站的页面。

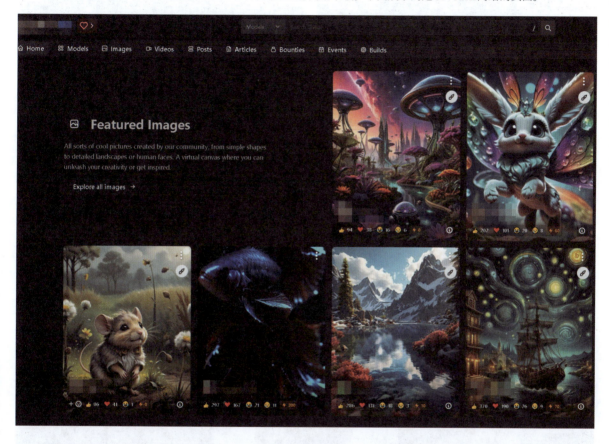

下面以AI绘画模型网站CIVITAI为例进行介绍。选择模型时只需要单击左上角的"Models"，可以看到下面有一行细分词组选项，有人物、建筑、动物和画风等，也可以单击右上角的"Filters"按钮进行筛选。

单击"Filters"按钮，可以看到时间、模型状态、模型格式、文件格式和基础底模等内容。向下滚动鼠标滚轮，单击"Clear all filters"按钮，可清除所有筛选项。这里模型格式选择"Checkpoint"。

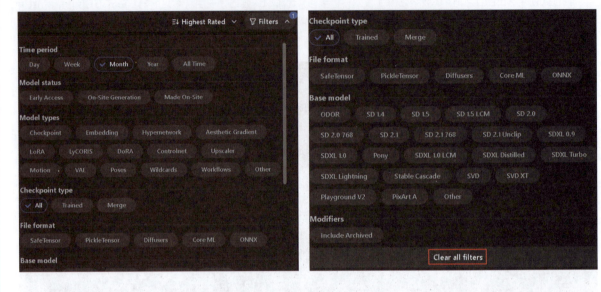

下面以CyberRealistic的v4.0为例进行介绍。模型页面右下方有许可说明，它对模型的各种用途进行了说明。

可以看到该模型不得作为售卖物，不得用于模型融合。单击"Download"按钮下载这个模型。

下载好模型后，按照下图所示路径找到"Stable-diffusion"文件夹，并将下载好的模型放入其中。

在"sd.webui"文件夹中找到"run"文件并双击，以启动Web UI。

Web UI启动后，在左上角的"Stable Diffusion checkpoint"下拉列表中选择要添加的模型，稍等片刻后模型就加载好了。

模型加载完成后就可以进行简单绘制了，我们可以创作出与所下载模型的风格相近的各种图片。如果下载的是欧美写实风格的模型，那么生成的图片就会偏向欧美写实风格。这里笔者用简单的提示词生成一张图片。例如，想要生成一张"一个穿着白色连衣裙、长着黄头发的可爱女孩"的图片，就在正向提示词的输入框中输入"A cute girl wearing a white dress with yellow hair,masterpiece,high quality,"，随后输入反向提示词并单击右侧的"Generate"按钮即可。值得注意的是，读者不必和笔者进行一模一样的操作，这里的步骤只是检验模型是否安装到位，如果可以正常生成图片，则表示模型已经安装到位。

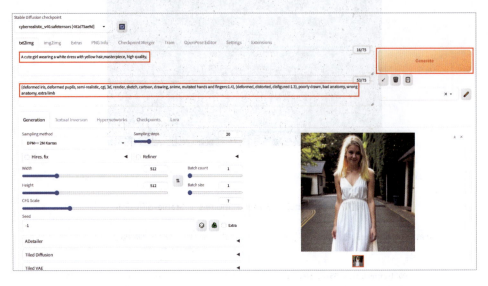

2.2.3 常见问题合集

在安装和使用Web UI的过程中，我们经常会遇到各种各样的问题，如生成的图像是纯黑色的或者图像加载不出来、界面显示Error、插件版本和别人的不同等。这里因为篇幅有限，笔者仅就一些常见的简单问题进行答疑。

第1个常见问题是比较简单的"Connection errored out."问题，这是关掉命令行窗口后生成图片时出现的报错问题。Web UI所呈现的只是一个可视化界面，是一个以图像和文本的方式展示各类模块的平台。我们把命令行窗口关掉后，单纯使用Web UI就会导致Web UI和计算机主程序连接失败。这就像使用计算机时空有计算机的显示器，却没有主机。解决这个问题的方法就是关闭Web UI后重启命令行窗口。

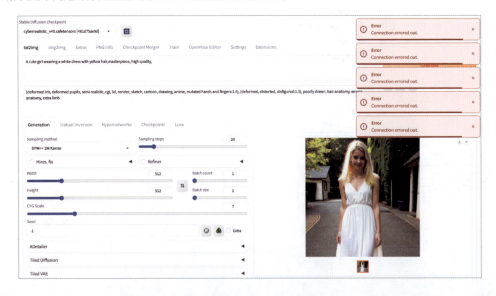

第2个常见的问题是插件界面和其他人的不一样。AI绘画插件的更新速度非常快，尤其像Web UI这样的开源产品，其插件的更新周期比其他产品的短，往往一款插件发布几个月后就会再发布新的版本，有时界面变动比较大。一般插件需要手动更新，操作如下：打开"Extensions"界面，在"Installed"选项卡中找到已经安装好的插件，然后单击"Check for updates"按钮开始自动更新。如果大部分插件都是从GitHub等网站下载和安装的，那么更新过程中需要全程开启网络加速。

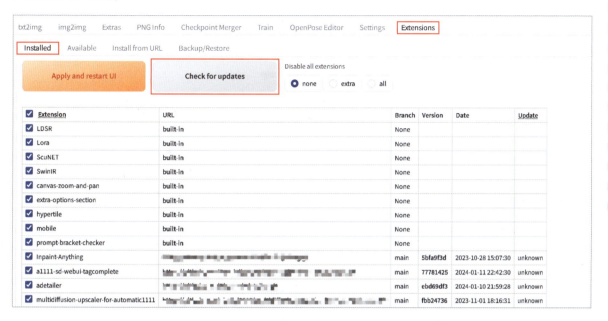

第3个常见问题是生成的图像是纯黑色的或者图像加载不出来。这种问题一般是由计算机本身显存容量较小导致的；或者用户使用了类似SDXL这种对显存容量要求很高的大模型，导致计算机生成图像时显存不足。对此，增加显存就可以解决。该问题还有可能是因为没有禁用半精度的VAE，直接禁用它即可解决。

> **Tips**
> SDXL是Stability AI推出的一个全能型大模型。它是Stable Diffusion的官方版本，是一种用于生成图像的开源AI模型。之前有Stable Diffusion 1.5、Stable Diffusion 2.1等官方大模型，但它们生成的图像质量较差，而SDXL被认为是一个性能更强、生成的图像质量更好的模型。
>
> VAE是一种AI模型，它可以学习如何将数据（如图像）压缩成一组简单的数字，然后将这些数字解压，恢复原始数据。这个过程让它能够生成看起来很真实的新数据，就像是将数据从原始数据集中取出来的一样，可以简单理解为一种画面滤镜。

第4个常见问题是主体增多导致图像崩坏。这种问题一般是图像的分辨率太高导致的。使用不同的底模训练的大模型对分辨率有不同的耐受度，以笔者使用的CyberRealistic模型为例，它是基于Stable Diffusion 1.5模型训练的，而该模型的最佳创作分辨率是512像素×512像素，如果大于该分辨率就会很容易出现主体变多的情况。例如，将分辨率直接提高到2048像素×2048像素，显然，生成的图片中有非常多的人物挤在一起，图像崩坏。

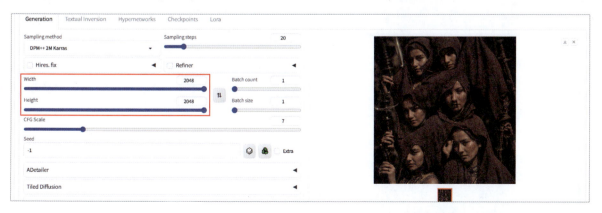

解决方法非常简单，不直接生成这么大尺寸的图片，而是通过模型自带的高清修复"Hires.fix"功能间接生成大尺寸的图片。例如，想要生成一张4096像素×4096像素的图片，只需要在分辨率为2048像素×2048像素的情况下勾选"Hires.fix"选项，并将"Upscale by"的值设为2即可。当然，放大器"Upscaler"也有非常多的种类可以选择，用户可根据实际情况选择自己需要的即可。

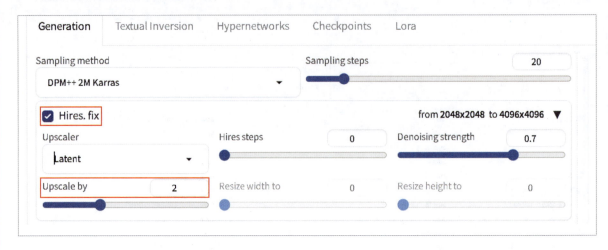

2.3 Stable Diffusion基础界面介绍

2.3.1 图片生成界面

"txt2img"是指依据文本生成图片（简称文生图），"img2img"是指依据图片生成图片（简称图生图），这是两种常用的图片生成方式。

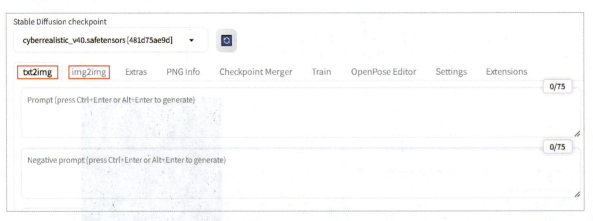

先介绍"txt2img"文生图界面。文生图界面中左上方的是正向提示词和反向提示词的输入框。正向提示词就是描述希望在画面中显示的内容的词，而反向提示词就是描述不希望在画面中显示的内容的词。下方有"Generation"（生成设置）、"Textual Inversion"（文本反转）、"Hypernetworks"（超网络）和"Lora"等选项卡。其中，"Generation""Textual Inversion""Lora"较常用，其他选项卡的使用频率不高。

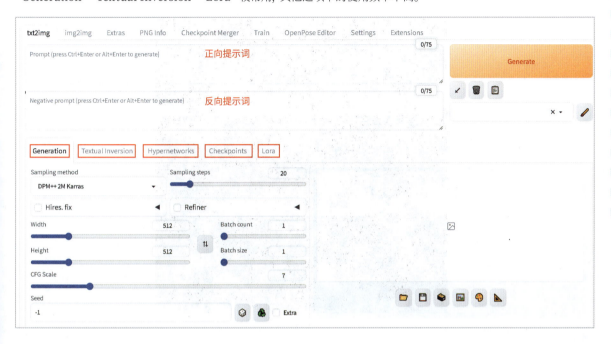

"Generation"选项卡中的参数基本上都可以调节。不同的"Sampling method"（采样方法）生成的图片差异较大。常用的采样方法有DPM++2M Karras、DPM++SDE Karras、Euler a等，采用这些方法生成图片的不同效果可以在接下来的X/Y/Z plot（XYZ图）中看到，这里不再详细介绍。

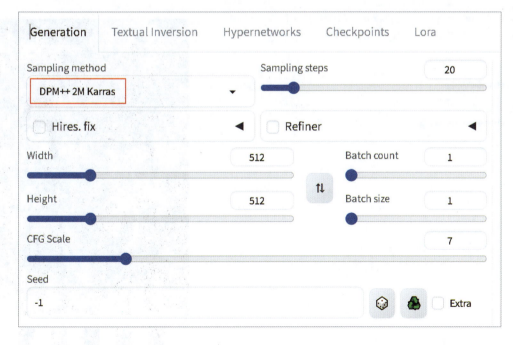

"Sampling steps"是指采样步数。从理论上来看，采样步数越多，生成的图片质量越高、细节越丰富。但是对于有些非线性的采样方法，即使设置再多的采样步数，图片质量也不会有太大变化；而采用线性采样方法生成的图片，其质量一般是随着采样数的增加而提高的。例如，下图中的DPM++2M Karras、DPM++SDE Karras、Euler a都是非线性采样方法。值得注意的是，非线性采样方法通常能够更好地捕捉数据的复杂结构，从而生成更高质量的样本。

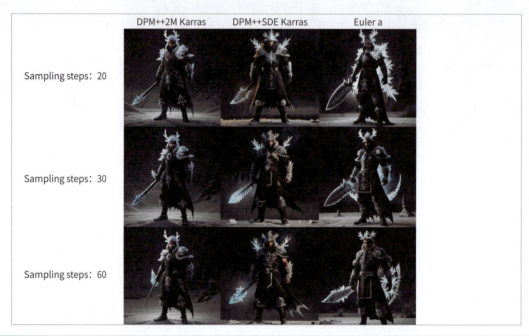

Tips 带有Karras字样的采样方法一般是基于Karras方法的采样方法，大部分是非线性采样方法。带有DPM字样的采样方法一般都是DPM采样方法，是目前的主流采样方法。像DPM 2M、DPM 3M都是相对有效的采样方法，而SDE是一种随机算法，常用于生成写实风格图像。另外还推荐UniPC和Restart这两种采样方法，它们的优点是可以用更少的步数生成更好的图像。目前已经公认被淘汰的采样方法，如DDIM，就是因为效率和质量不及新采样方法而被AI创作者放弃。

"Width"和"Height"分别决定生成图片的宽度和高度，可以通过调节滑块来设置图片大小，也可以直接输入数值。

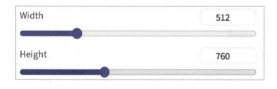

"Batch count"和"Batch size"决定生成图片的数量。"Batch count"的数值决定一次性生成多少组独立图像；而"Batch size"的数值则决定一组图像中出现几张图片。例如，设置"Batch size"为4，则一组图像里会有4张图片。

"CFG Scale"用于控制图片趋向于提示词的程度，在一定数值范围内，数值越大，生成的图片越趋向于提示词的描述。也就是说，可以通过调节这个数值来控制AI在生成图片的过程中对提示词的依赖程度。在画面的生成上，该数值越大，AI自由发挥的空间就越大，当调整至较大数值（如30）时，AI会生成一些非常抽象的画面，用户几乎不能识别出画面的形态。所以该数值一般设置为6～12。

随机种子"Seed"代表了当前图片独一无二的身份ID，默认数值－1是随机生成的意思。当生成一张图片后，单击右侧的绿色图标，即可看到当前图片的随机种子数值。当看到随机种子数值时，相当于固定了画面内容，再次生成图片时AI就会以这个画面内容为基础进行微调并生成新图。当不想要固定画面内容时，可以通过单击骰子图标恢复为随机生成模式（即数值恢复为－1）。

"Seed"下面的模块是后续安装的插件模块，大部分插件都会在这里显示，还有一些插件会显示在其他界面里或者单独生成一个界面。无论是文生图还是图生图，"Seed"下面的插件模块都是一致的。

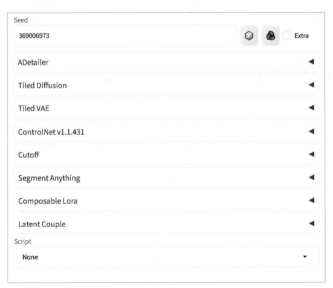

插件模块下面是"Script"（脚本）模块，里面有一些模型自带的脚本，其中常用的是X/Y/Z plot，使用该脚本可以很方便地看到不同参数下的效果，但该脚本最多支持3个不同参数下的效果进行比较。以上就是文生图界面的主要内容，其他常用的操作会在后续实操案例中逐一进行介绍。

下面介绍"img2img"图生图界面。图生图界面和文生图界面很相似，只是前者多了一个加载本地图片的模块。通过这个模块可以进行局部重绘、遮罩等进阶操作，能让AI绘画工具生成的图片更接近理想效果。具体操作会在后续实操案例中进行详细介绍。

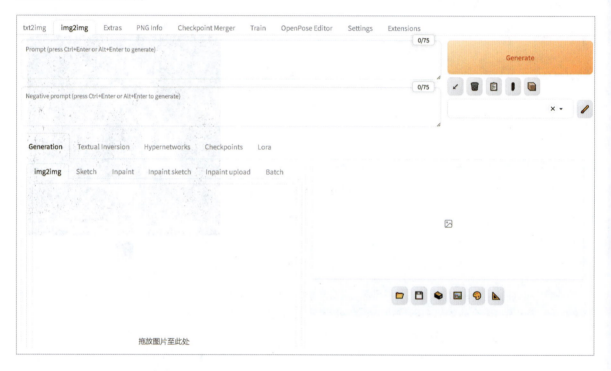

2.3.2 模型训练界面

模型训练界面包括两个界面，一个是"Checkpoint Merger"界面，另一个是"Train"界面。

在"Checkpoint Merger"界面中可进行模型之间的融合，可以很方便地利用不超过3种风格的模型融合出一种新的模型。在"Primary model (A)""Secondary model (B)""Tertiary model (C)"下拉列表中选择需要融合的模型，下面的"Custom Name (Optional)"用于自定义融合后的模型名称。"Multiplier (M) - set to 0 to get model A"用于设定生成系数，这个生成系数决定了生成的模型偏向哪种风格。"Interpolation Method"用于设置融合模型的插值方式，两个模型融合选择"Weighted sum"，3个模型融合选择"Add difference"。"Checkpoint format"用于设置融合后的模型格式，一般选择默认的"safetensors"。如果融合前的模型有自己的VAE，那么也可以在"Bake in VAE"下拉列表中选择把VAE嵌入融合后的模型。

以笔者的设置为例，将A模型和B模型相融合，插值方式选择"Weighted sum"。想让融合后的模型的风格更偏向A模型，就将生成系数设置为0～0.5，生成系数越接近0代表新模型越接近A模型，生成系数越接近1代表新模型越接近B模型。这里还勾选了"Save as float16"选项，意思是以16位浮点数的格式保存数据，如果不勾选，则默认是以32位浮点数的格式保存数据。采用16位浮点数格式可以更快地融合模型且数据占用的磁盘空间较小，但是画面细节没有采用32位浮点数格式的好。设置好后单击"Merge"按钮开始融合。

"Train"界面一般用于训练Embedding或Textual Inversion，能让生成的画面和训练内容更加接近，其在AI绘画发展的早期比较常用，目前用得相对较少，只在一些特定的领域（如Easynegative这类反向提示词合集）应用。

现在常用的风格类滤镜模型有很多，其中LoRA、LyCORIS等的使用效果更好。当然，如果想要使用LyCORIS，需要安装相应的插件。

2.3.3 操作设置界面

在继续学习之前，先优化一下Web UI的系统配置，这样可以减少对系统的占用，从而提升效率。首先，按照下面路径找到"webui"文件夹；然后，选中"webui-user"批处理文件并单击鼠标右键，选择用记事本或者代码阅读工具打开。

打开后在"set COMMANDLINE_ARGS="的后面空一个字符，并输入"--xformers"，然后保存。

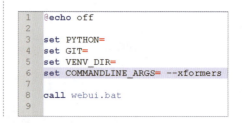

在下次打开Web UI时，命令行窗口就会先显示"Launching Web UI with arguments: --xformers"。注意，在启动Web UI前要开启网络加速，否则可能会出现"--xformers"安装失败的提示。

启动后进入"Settings"界面，可以看到左侧有"Saving images""Stable Diffusion"等加粗显示的大类目录。在这些目录中，常用的是"Saving images""Stable Diffusion""User Interface""Uncategorized"里的内容。

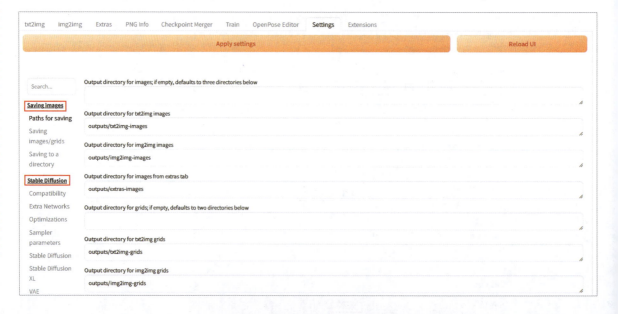

在"Saving images"目录中，可以分别为以文生图、图生图等模式生成的图片设置存储路径。当安装Web UI的磁盘分区的存储空间有限时，可以将其移动到其他磁盘分区，或者为服务器专门搭设一个磁盘，用于存储生成的图片。

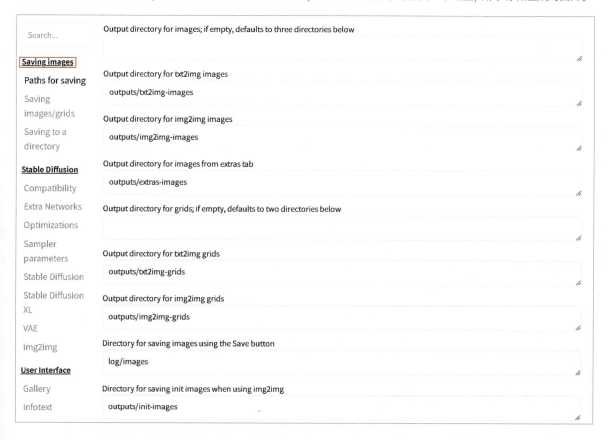

在"Stable Diffusion"目录中，可以设定Web UI各个模块的各项参数，包括VAE的手动选择。可以在"SD VAE"下拉列表中选择合适的VAE，然后单击上方的"Apply settings"按钮保存选择的VAE。

在"Uncategorized"目录中可以设置后续安装的各类插件，ControlNet的一些控制插件也是在这里设置。如果想修改可以同时使用的ControlNet的个数（默认值为1），可以在"Multi-ControlNet: ControlNet unit number"中进行操作。如果需要多个ControlNet进行配合，可以适当增大数值，一般建议不超过3。

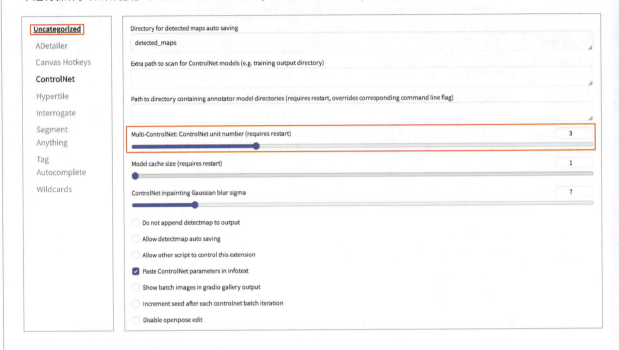

2.3.4 插件安装界面

"Extensions"插件安装界面相对简单，下面有"Installed""Available""Install from URL""Backup/Restore"4个选项卡。"Installed"选项卡中会显示计算机上已经安装好的插件，包括名称、版本、分支和时间等信息。

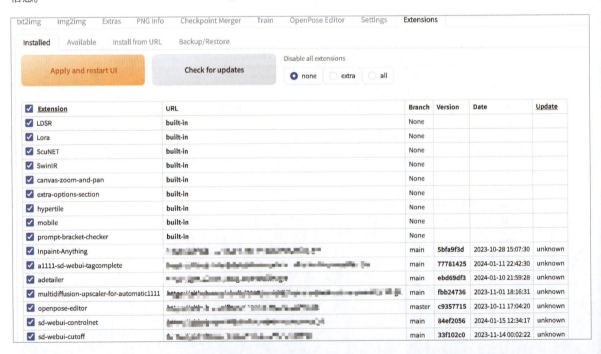

单击"Available"选项卡中的"Load from:"按钮可以从默认的插件库网址中查询最新的插件信息，此外还可以勾选一些选项来排除已安装的插件或者广告之类的信息。"Available"选项卡还提供了根据发布时间、字母顺序和评分等信息来筛选插件的功能。

在"Install from URL"选项卡中，可以通过手动输入插件库网址来进行插件安装，一般只需将地址（多为GitHub地址）输入"URL for extension's git repository"中，然后单击"Install"按钮即可。

安装完毕后打开"Installed"选项卡，然后单击"Apply and restart UI"按钮，即可完成插件安装操作。笔者比较推荐输入网址安装的方法。需要注意的是，安装插件同样也需要开启网络加速，否则查询、更新、下载等功能可能受限。

2.4 尝试用Stable Diffusion绘画

接下来将使用文生图、图生图的方式来绘画，同时介绍如何通过调整提示词来获得更好的画面效果，以帮助读者了解Stable Diffusion的基础操作。

2.4.1 利用"txt2img"绘画

下面以"春季樱花"为主题对"txt2img"进行介绍。要知道，一个确定的主题能让我们添加更多有用的细节。"春季樱花"这个主题可以让我们联想到春天、绿色的草地、樱花树、樱花等元素，把这些元素用英文表述出来，即"spring,green grassland,cherry tree,sakura"，然后把它们输入或粘贴到正向提示词的输入框中。设置

"Sampling steps"为30，其他参数保持默认，单击"Generate"按钮进行生成。完成上述操作后，Stable Diffusion 生成了一张满是落樱的小路的图片。需要注意的是，输入提示词时需要用英文逗号将英语单词或词组分隔开，否则可能会出现提示词识别失误的情况。

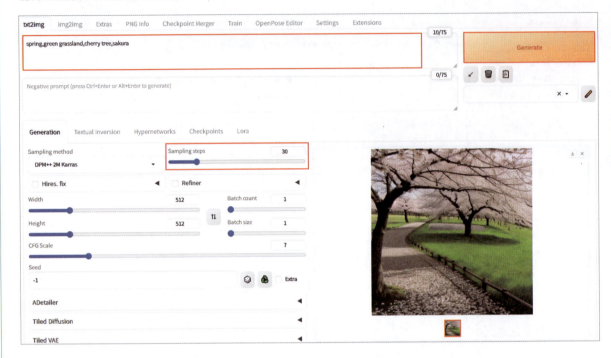

　　虽然生成了图片，但是清晰度很差，这是因为图片是以512像素×512像素的分辨率生成的。此时可以勾选"Hires.fix"选项进行高清修复。选择"R-ESRGAN 4x+"放大器，随后单击"Generate"按钮进行生成。这时图片生成的时间变久了，这是因为计算机要处理的像素变多了，生成的图片质量会相应提升。

　　这次生成的图片在细节上比上一次的好，同时画面也更大。当然，演示时一般不保存随机种子，图片是完全随机生成的。

在右侧图片生成区域的下方可以看到相关信息，包括提示词、采样方法、采样步数和生成时间等。生成图片所用的参数都会在这里显示。单击图片下方的6个小图标可对图片进行相应操作，如单击文件夹图标会跳转到保存图片的文件管理器中。

景色的处理相对简单，但如果你想生成一张包含人物的风景照，那么提示词就需要更丰富一些。例如，想要生成一张"穿着粉色学生制服、扎着单马尾的少女站在樱花树下，看着镜头"的图片，那么就可以将"pink Seifuku,ponytail"加进去，并放在提示词的最前面，让AI优先处理人物的描绘，以获得更好的细节。下图是在其他参数保持不变的情况下生成的图片。

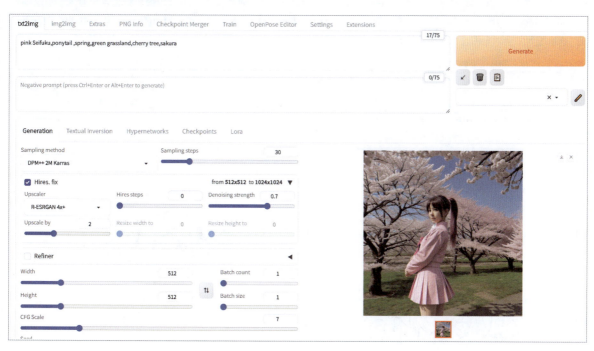

有时人物可能描绘得并不好，如出现了比较严重的比例不协调问题，这时可以通过提高分辨率来解决，也可以通过输入反向提示词来解决。例如，常见的和人物有关的反向提示词有unrealistic、flat、watermark、signature、worst quality、low quality、normal quality、lowres、simple background、inaccurate limb、extra fingers、fewer fingers、missing fingers、extra arms、inaccurate eyes、bad composition、bad anatomy、error、extra digit、fewer digits等，就是类似表示不好的五官、不好的身体比例、不真实的画面、水印和不好的质量等的词。在使用时可以将其作为通用模板复制进反向提示词的输入框，你会发现生成的画面质量有较大提升，其在细节方面似乎表现得更好了。

📋 **小作业**

尝试用文生图功能生成这样的画面：在一颗行星上能直接看到其他行星，并且这颗行星上樱花开得正盛。

2.4.2 利用"img2img"绘画

通过前面的学习，我们已经知道了如何用"txt2img"绘画。接下来，我们一起来学习如何用"img2img"绘画吧！先将一张线稿拖入"img2img"左侧的图片放置区域。

一般先将反向提示词通用模板粘贴到反向提示词输入框中，然后输入正向提示词。以生成一张"一个戴着蓝色帽子、长着黄眼睛和白头发的女孩"图片为例，可以将"blue hat,white hair,yellow eyes"填入正向提示词输入框。因为只有一个人物，所以务必描述好人数，将"1 girl"填入正向提示词输入框。如果想要更好的画面质量，可以填入"masterpiece,high quality"等词，然后单击"Generate"按钮进行生成。可以看到"img2img"对原图的把握并不准确，这是因为AI会对原图进行抽象化处理。

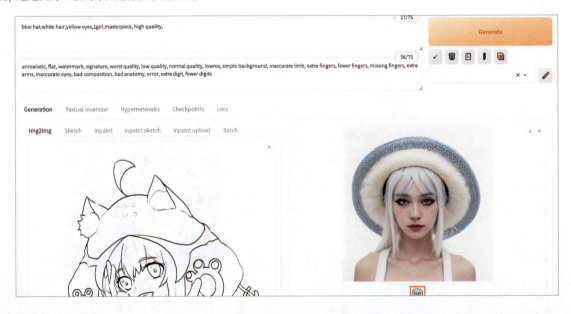

如果不想抽象随机生成，那么ControlNet插件能提供很大帮助。ControlNet插件的学习安排在下一节，这里仅作演示。开启ControlNet并选择"Canny"（边缘检测模型），再次进行生成。可以看出，在ControlNet的介入下，线稿进行了简单的上色。

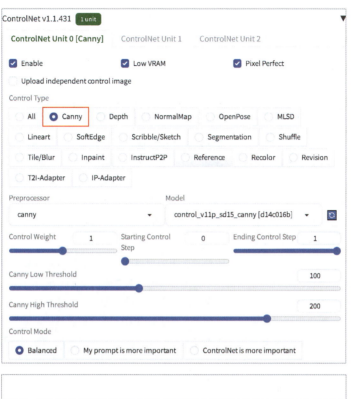

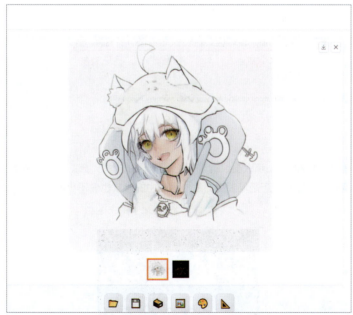

　　可以看出，单纯的图生图模式的可控性并不好，但是搭配一些插件后效果就会好很多，能更方便地应用于各种行业的广告或者美术素材制作中。

📋 小作业
尝试用图生图功能对黑白图片或线稿进行上色，看看使用ControlNet插件和不使用ControlNet插件的区别有多大。

2.5 多元效果的进阶表现

通过不断的迭代，AI绘画工具发展迅猛。这使得我们可以通过一些插件和技巧的配合来得到更加优秀的作品。本节将对一些常用的技巧和插件进行介绍，以帮助读者提升AI绘画能力。

2.5.1 "前缀+主体+背景"的三段式标准描述

我们输入提示词之前，可能会有个疑问——怎样才能让提示词和想要的画面更加贴合？最简单的方法是先想清楚要实现的画面，然后将画面用文本描述，再将文本转化为提示词，最后让AI处理并输出图像。在这个过程中，传递信息的方式有很多种。一种是直接将描述作为一句话输入，让AI针对这句话来进行生成；另一种是用单词和词组将想传达的信息以碎片化的方式输入，让AI进行联想和编组，进而生成图片。其实这两种方式各有优势，在不同的大模型基础上，不同的提示词输入方式对画面的影响有着较大的差异。如果想要一种相对稳定的输入方式，可以尝试用"前缀+主体+背景"的三段式标准描述来输入提示词。

前缀一般指质量前缀，一般是用来形容画面质量和效果的形容词。例如，形容画面质量高、细节丰富可以用high quality、detailed、masterpiece等词。相应地，可以在反向提示词中加入worst quality、blurry、ugly等词。主体一般用于描述画面的核心内容。例如，想要画一只穿着蓝白水手服的可爱小猫，就可以加入"a cat,blue and white sailor suit"这样的描述；如果想要描述得更加清晰，就要添加更多细节。背景就是主体所处的场景。如果想让这只猫出现在奇幻的城堡里，就可以在描述主体的提示词后加入Fantasy Castle这样的词来描述背景。这样就构成了一个三段式标准描述。

txt2img	img2img	Extras	PNG Info	Checkpoint Merger

high quality,masterpiece,a cat,blue and white sailor suit ,Fantasy Castle

前缀 主体 背景

human,worst quality,blurry,ugly,bad anatomy, watermark

如果直接让AI按照提示词生成图片，那么生成的很可能是像下面这样一张以人物为主的图片。尽管已经在反向提示词中加入了human，但是生成的画面还是以人物为主。画面中的背景也看不出城堡的模样，更像是普通房间，因此要继续优化提示词。

如果想让人物出现在城堡之外，即希望能同时看见人物和城堡，那么可以在形容场景的提示词中加入像outside这样的方位词。可以看到，修改提示词之后，生成的画面比较理想。

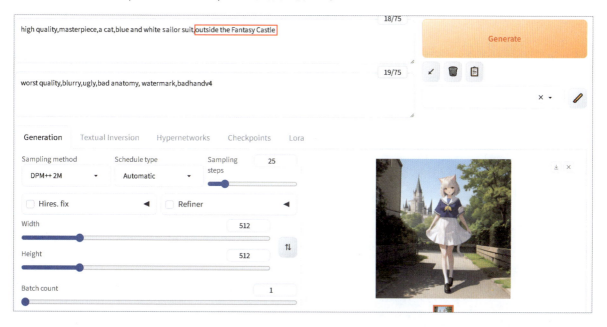

值得一提的是，提示词中允许使用一些电影镜头语言来形容视角，例如，panorama（全景视角）非常适用于描绘远处的景象，同时展现巨大场景的距离感。这类形容镜头视角的提示词一般加在前缀提示词之后、主体提示词之前。电影镜头语言中有很多有趣的镜头表达方式，读者可以自行尝试并探索。

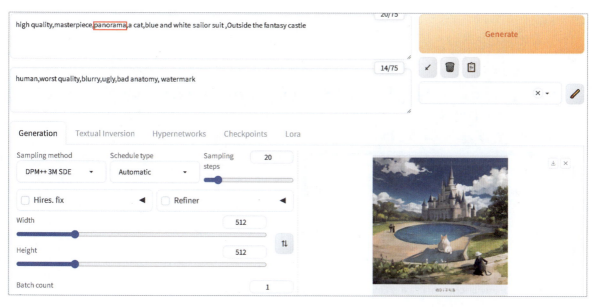

三段式标准描述其实就是一种简单的提示词描述模板。如果初学者刚开始找不到适合自己的提示词描述方式，可以从三段式标准描述开始练习，它对刚起步的AI绘画初学者来说比较友好。

📖 **小作业**

尝试用"三段式标准描述+特写镜头"的提示词输入形式来绘制一张国风场景的人物近景图，并思考如何做出背景虚化的效果。

2.5.2 细分主体与强化叠加描述词

在上一小节中学习了如何给出一个三段式标准描述，接下来将深入学习如何让画面更加贴近于我们所描述的细节。在开始之前，需要进入"Settings"界面，找到"User Interface"中的"User interface"选项。

在"[info] Quicksettings list"中输入CLIP，并选择"CLIP_stop_at_last_layers"。

单击"Settings"界面下方的"Apply settings"和"Reload UI"按钮完成设置。

回到"txt2img"界面就可以看到"Clip skip"了，它的值可以通过移动滑块来调节。简单来说，"Clip skip"的设置可以让AI在创作过程中跳过一些不必要的生成部分，从而使其遍历数据库后生成的元素更加接近提示词描绘的内容，但是设置的值一般不会超过2，因为值越大，生成画面的主体与文本描述的偏差越大。

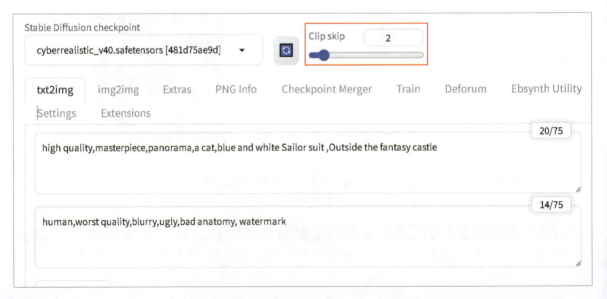

提示词对画面的影响如何？下面通过举例进行说明。例如，想要生成一个穿着科幻太空服的女孩在舰桥上坐着的画面，可以用各类相关的提示词进行描述。提示词只限定头发是白色的，但在生成的画面里为什么全身服装大部分是白色呢？如果保持随机种子不变，将头发的颜色改为红色，生成的图片会有什么变化呢？

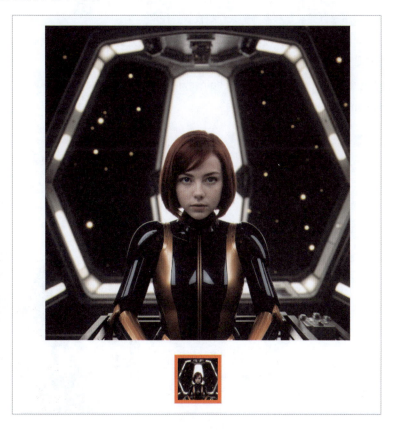

从重新生成的图片可以看出，全身服装的颜色随着头发的颜色进行了变化，由此可以联想到AI会对提示词描述的颜色进行识别，并将其运用于整个画面。

如果将全身服装的颜色限定为蓝色，头发的颜色依旧是红色，再次生成后可得如下效果的图片。可以发现，头发的颜色对全身服装的影响减弱了，全身服装的主要颜色成了蓝色。由此可以得出一个结论：AI会对提示词中出现的颜色类词语进行判断，如果只有一个颜色类词语，那么AI会优先将该颜色元素应用到对应的主体上，同时画面的其他部分也会因为没有其他限定颜色元素而被该颜色元素填充；如果有多个固定的颜色元素修饰不同的画面主体，那么AI就会优先将颜色填充到对应的主体上。因此，当不想要某个颜色元素出现在某个不该出现的位置时，可以给这个位置添加一个限定颜色元素，也可以在反向提示词中添加不想要的颜色。

　　颜色元素的细分是一个比较重要的知识点，因为画面是由颜色组成的。如果组成画面的颜色出现了混乱，那么画面的可控性将大大降低。接下来以二次元形象为例来介绍权重的作用。

　　在AI绘画中，提示词的权重是什么呢？权重其实影响了画面中某些元素的强弱表现，它的表示方式有两种，一种是添加括号，另一种是重复提示词。下面以"一个穿着白裙子的红头发女孩"案例做演示。

正向提示词: masterpiece,best quality,1girl,red hair,smile,((white))dress,looking at viewer,upper body

反向提示词: bad anatomy, worst quality

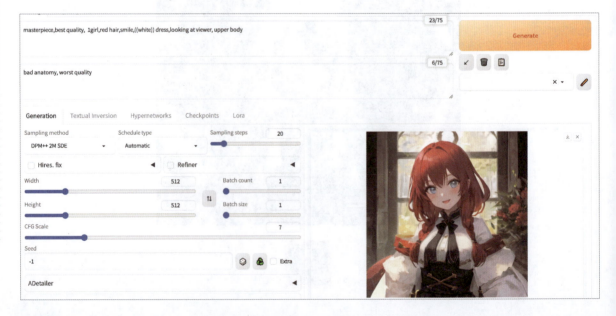

在这个案例中，对"white"添加两层括号以增加权重，即"((white))"。括号是可以进行叠加的，添加一个括号代表该提示词的权重乘以1.1，添加两个括号代表该提示词的权重乘以1.21(1.1×1.1)，也就是说括号层数越多，权重越大。

	23/75
masterpiece,best quality, 1girl,red hair,smile,((white)) dress,looking at viewer, upper body	

	6/75
bad anatomy, worst quality	

为了方便，一般会用另一种带有括号的形式来增加权重。例如，"(white:1.5)"表示直接将提示词的权重乘以1.5，而不需要添加过多的括号。

	23/75
masterpiece,best quality, 1girl,red hair,smile,(white:1.5) dress,looking at viewer, upper body	

	6/75
bad anatomy, worst quality	

> **Tips** 输入提示词时最好使用英文状态下的括号和逗号，中文状态下的括号和逗号在一些较早版本的模型里容易被识别成提示词，从而影响图片生成。值得注意的是，不可无限地增加权重，权重一般为1.1～1.8，过高的权重会导致背景和主体被强调权重的提示词所对应的元素填满或者出现色彩错乱等情况。

另一种方式是通过多次重复同一个提示词来增加权重，这是最简单的方式，但是也容易导致一些新问题。多次重复一个元素会导致这个元素在画面上出现多次，它很可能会与主要元素冲突（类似3D层面的穿模），也会出现在很多不该出现的地方。这种方式不适合描述具体形体的提示词，只适合一些形容词，如better、best、higher、worst、bad等，一般用在质量前缀或者反向提示词中。

权重的使用范围很广。例如，输入提示词"1girl"是为了避免生成的画面中有多个人物，可以通过增加"1girl"的权重来降低画面中出现多个人物的概率；如果有某些不希望出现的颜色，可以将对应的词语加入反向提示词并增加权重，以降低该颜色出现的概率。

> **📋 小作业**
> 将本小节案例中提示词"red hair"的权重逐步增加，并尝试用X/Y/Z plot对生成的图片进行对比，分析权重对画面的影响。

2.5.3 视角及光影的表现

在正式开始学习之前，读者可先安装图片所示的插件。这些插件能让画面在一定程度上变得更有细节或者更容易控制。这些插件只需要简单了解它们的作用，掌握它们的大致用法即可。

ADetailer	◀
Tiled Diffusion	◀
Tiled VAE	◀
ControlNet v1.1.431	◀
Cutoff	◀
Segment Anything	◀
Composable Lora	◀
Latent Couple	◀

下面简单介绍如何在AI绘画中控制视角及拍摄角度。在控制视角方面，可以参考一些常用的镜头语言提示词，如close shot（近景镜头）、medium shot（中景镜头）、full shot（远景镜头）等。

masterpiece, best quality, close shot, 1cat,yellow cat,cute eye,garden

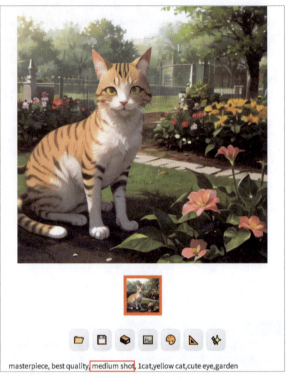

masterpiece, best quality, medium shot, 1cat,yellow cat,cute eye,garden

除此之外，在绘制人物时也常用镜头语言提示词，如upper body（上半身）、full body（全身）等。

masterpiece, best quality, 1girl,cute eye,mask,garden,upper body

masterpiece, best quality, 1girl,cute eye,mask,garden,full body

在拍摄角度方面，可以选择很多方式，除了我们熟悉的AI绘画默认视角front view（正面），还有side view（侧面）和back view（背面）。

masterpiece, best quality, 1girl,cute eye,mask,garden,side view,upper body

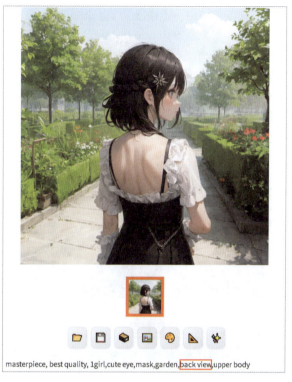

masterpiece, best quality, 1girl,cute eye,mask,garden,back view,upper body

最后还有一些特殊镜头，如selfie（自拍）。这种镜头默认的展示效果有限，只有给其添加一定的权重才能获得更好的效果。

masterpiece, best quality, 1girl,cute eye,room,selfie:1.3,close up

接下来介绍如何更好地展现光影效果。调节光影效果有很多种方法，最简单的是使用提示词。在常见的画面中，可以使用sunlight（阳光）、moonlight（月光）、lamplight（灯光）、reflections（反光）、highlights（高光）、spotlight（聚光灯）等提示词对画面光源进行描绘。

masterpiece, best quality, 1girl,sci moonlight upper body, moon

在光影氛围中，可以使用mysterious atmosphere（神秘氛围）、warm atmosphere（温馨氛围）、terrifying atmosphere（恐怖氛围）、romantic atmosphere（浪漫氛围）、dreamy atmosphere（梦幻氛围）等提示词进行描绘。

masterpiece, best quality, 1girl,sun warm atmosphere upper body

在光照方向上，可以使用front light（正面光）、side light（侧面光）、backlight（逆光）、top light（顶光）、bottom light（底光）、side backlight（侧逆光）等提示词进行描绘。

masterpiece, best quality, 1girl,sun, side light upper body

注意，光影是可以组合和叠加的，但无论什么光影，画面中都应该有一个主光源。一般会将描述主光源的提示词的权重调大一些。同时在画面内容丰富、光线复杂时需要相应地调高画面分辨率，否则没有足够的画面空间去描绘过多的内容，画面极易崩坏。若在描绘远景人物或全身人物时出现畸形问题，则需要增加采样步数或者勾选"Hires.fix"选项。

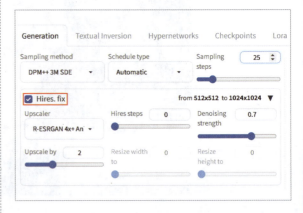

小作业

尝试生成一张夜晚月光下的逆光人物自拍照。

2.5.4 ControlNet插件的安装和使用

ControlNet插件能为操作者提供非常大的调整空间，能让AI在随机与混沌中找到平衡，能在兼顾随机性的同时提供更多可控要素。它的出现使得AI绘画工具生成内容实现了从随机到可控的转变。下面介绍ControlNet插件的安装及使用方法。

ControlNet的安装方法如下：进入GitHub官网后搜索"sd-webui-controlnet"项目，复制项目网址，打开Web UI的"Extensions"界面，打开"Install from URL"选项卡，然后在"URL for extension's git repository"中粘贴网址，最后单击下面的"Install"按钮。

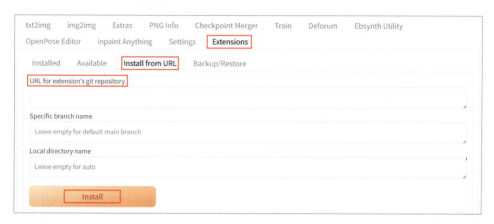

安装完成后打开"Installed"选项卡并单击"Apply and restart UI"按钮。

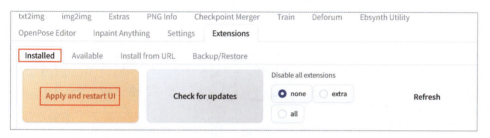

安装好ControlNet后，就可以在界面的下方找到ControlNet插件了。

展开ControlNet插件界面，其中ControlNet Unit 0、ControlNet Unit 1和ControlNetUnit 2分别代表多个ControlNet子任务。每个子任务都可以单独选择不同的效果和参数，既可以单独使用也可以同时使用。下方的图片上传区域包含"Single Image""Batch""Multi-Inputs"3个选项。其中"Single Image"是最常用的选项，可以通过一张图片进行控制；"Batch"是通过输入一个路径让系统去自动选择需要的图片；"Multi-Inputs"是同时上传多张图片。

单击图片上传区域中间的空白处，然后从文件夹中选择图片上传。上传完成后，勾选下方的"Enable""Low VRAM""Pixel Perfect"选项，这3个选项分别代表开启ControlNet插件、使用低显存模式及图片像素优化。其中"Enable"是必须要勾选的，否则ControlNet插件无法启动。

在下方的"Control Type"中可以选择多种模型去控制图片。例如，想提取当前图片的线稿，并通过文生图提示词更改画面内容，那么就可以选择"Canny"，然后在下方的"Preprocessor"和"Model"下拉列表中选择对应的模型预处理器和控制模型。

预处理器是ControlNet插件自带的程序，而控制模型需要使用者下载对应模型并放到"sd.webui\webui\extensions\sd-webui-controlnet\models"路径下。在Hugging Face上搜索"ControlNet"，找到项目对应下载地址，然后下载所需要的控制模型即可。

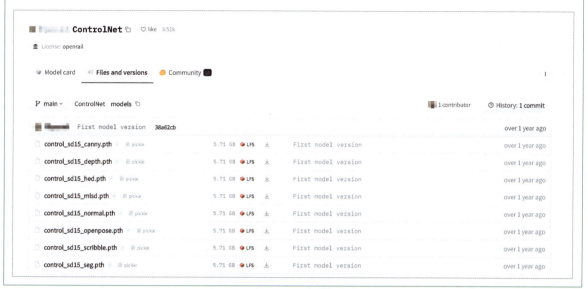

需要预览模型效果时，可以单击"Preprocessor"和"Model"中间的爆炸状按钮，这时图片右边会出现一个预览区域。所有控制模型的效果都会在预览区域中显示，同时会自动勾选"Allow Preview"选项。

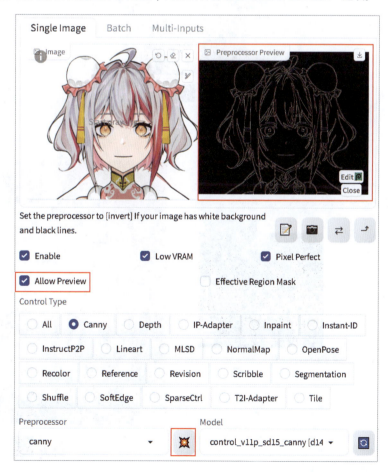

例如，在这个案例中，如果需要把人物头发的颜色改为黄色，把眼睛的颜色改为蓝色，那么打开ControlNet插件后选择对应的控制模型Canny，就可以输入提示词了。

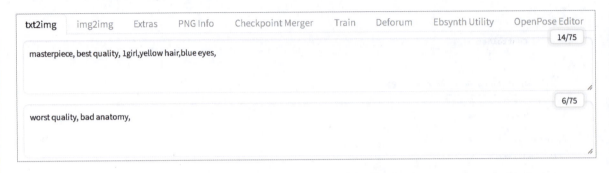

生成的效果如下图所示。可以看出，这种操作在不改变原线稿的同时快速调整了需要更改的地方，并且能得到大致令人满意的效果。

当然，也可以直接上传一张线稿，然后输入提示词直接生成。

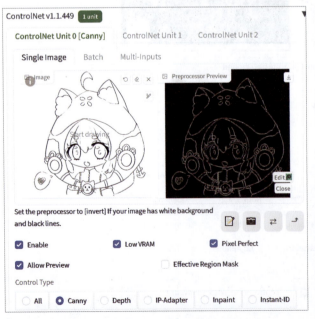

对于提取线稿，还有一种非常好用的控制模型——Lineart模型，它在艺术创作上更有潜力。虽然相比Canny模型对边缘的精准把控，Lineart模型表现平平，但是Lineart模型在创意方面更加优秀，在背景的生成上有无可比拟的优势。

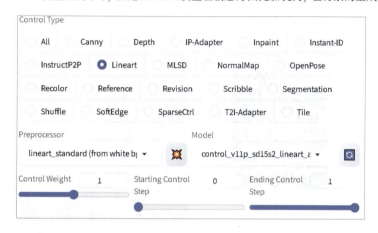

选择使用Lineart模型时，可以在下拉列表中选择黑白线稿、写实风格、动漫风格等多种模式。如本例使用的是黑白线稿，选择standard标准模式即可。调节后生成的效果如下。可以看到，利用Lineart模型生成的背景十分丰富。

除了精细化的模型和控制模型，还有一些针对抽象内容的模型，如Scribble（涂鸦）模型。笔者准备了一张非常抽象的小兔子涂鸦，选择Scribble模型，然后加载对应的预处理器和控制模型。在正向提示词的输入框中输入"masterpiece,best quality,1rabbit"，生成的图片如下。

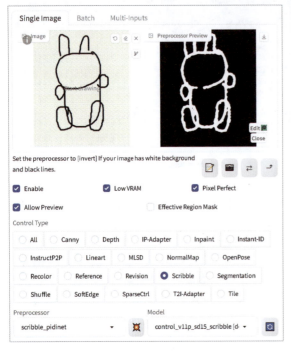

　　Scribble模型可以帮助没有任何绘画基础的人创作出较为美观的作品，其最大的特点是简单易用。它尤其适用于线稿概念图创作，在进行批量生成时能帮助设计师获得更多灵感。

　　Depth模型能通过对画面深度的识别输出深度图，适用于画面空间感的塑造。例如，这里上传了一张照片，选择Depth模型后让其生成深度图，然后输入提示词，如"masterpiece,best quality,Wooden furniture,Conference Room"等，最后使用写实类模型生成有较好效果的图片。当然画面还存在缺陷，需要进一步完善。

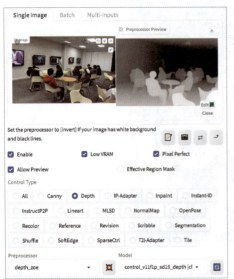

2.5.5　模型画风的融合

　　创作过程中会不可避免地遇到画风融合的问题,如动漫模型的画风太过于卡通,想要加入写实的质感,生成新的风格。如何将两个模型的画风进行融合呢?

　　"Checkpoint Merger"界面最上面的文段就是对融合模型的简单介绍。

　　"Primary model (A)""Secondary model (B)""Tertiary model (C)"可以理解为3个需要融合的模型,而一般只融合两个模型,所以很少用到"Tertiary model (C)"。将要融合的两个模型分别放入A和B中即可进行下一步融合操作。"Custom Name (Optional)"用于设置融合后的新模型的名称,可以输入任意名称来替换默认的名称。

　　在"Multiplier (M) - set to 0 to get model A"中可以设定生成系数。在"Interpolation Method"中可以选择插值方式,如果只有两个模型,那么选择默认的"Weighted sum"即可,若有3个则选择"Add difference"。

　　在"Checkpoint format"中可以选择融合后的模型格式,一般保持默认即可。早期ckpt是常用格式,但是随着AI绘画的发展,safetensors成为最常用的格式。"Copy config from"用于复制原模型的简介到新融合的模型,可以选择将原先几个模型的简介都复制,也可以单独复制或不复制,这对内容没有影响。

　　一般会勾选"Save as float16"选项,float16是模型精度格式,其在精度和模型大小上有较高性价比。在"Bake in VAE"中可以选择已经放入VAE模型文件夹的VAE模型,可将其拷入融合后的模型中;如果模型本身自带VAE则无须拷入。

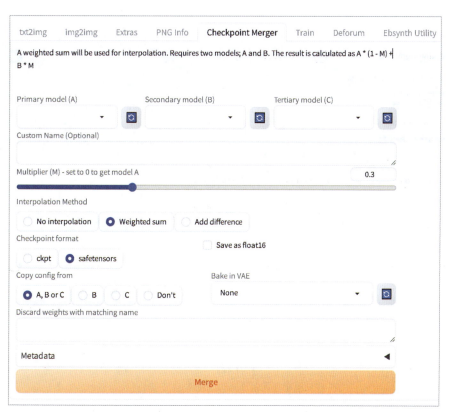

模型融合功能实用且强大。例如，要将动漫模型CounterfeitV25和写实模型absolutereality融合，使动漫风格带有一定的写实效果，只需要在"Primary model (A)"下拉列表中选择CounterfeitV25，在"Secondary model (B)"下拉列表中选择absolutereality。

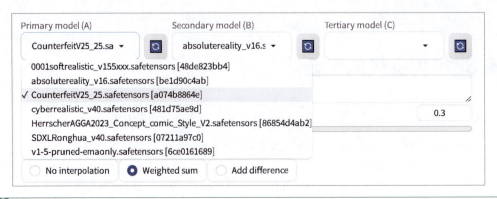

在模型融合模块中，选择"Weighted sum"后，上面会出现对应公式，也就是A*（1－M）+B*M，其意思是当滑块数值为M时，A模型的权重为1－M，B模型的权重为M。例如，调节滑块数值为0.15，那么A模型的权重就是1－0.15=0.85，B模型的权重为0.15。调节好权重后就可以输入一个自定义名称，这里输入"anime&reality"。如果不需要拷入VAE，那么就可以直接单击最下方的"Merge"按钮进行融合了。

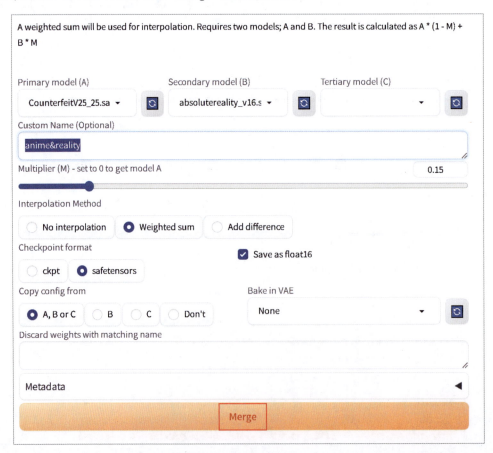

新融合的模型与原来的两个模型相比有很大的不同。输入"realistic"这类提示词后生成图片，会意外发现，用简单提示词生成的画面，其在细节上有了很大提升，人物出现了介于2D和3D之间的2.5D形象，背景也有丰富的细节，画面整体更趋于油画风。同时，因为absolutereality模型偏欧美画风，人物的脸型也从日系2D脸型向欧美脸型转化。

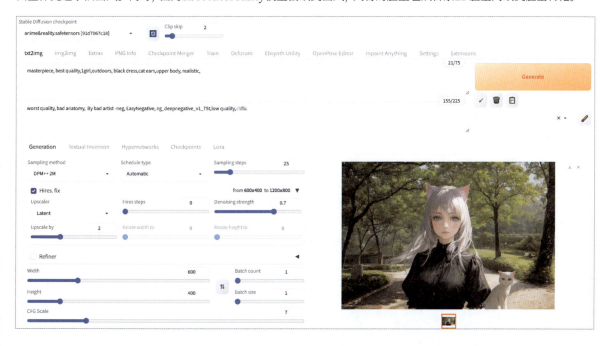

如果想要将一些模型自带的VAE拷入模型本体，而不用每次调用模型时都切换VAE，可以用模型融合功能来实现。选择一个A模型，B模型空置，在"Interpolation Method"中选择"No interpolation"。在"Bake in VAE"下拉列表中选择需要拷入模型的对应VAE，最后单击下方的"Merge"按钮就可以完成VAE拷入了。

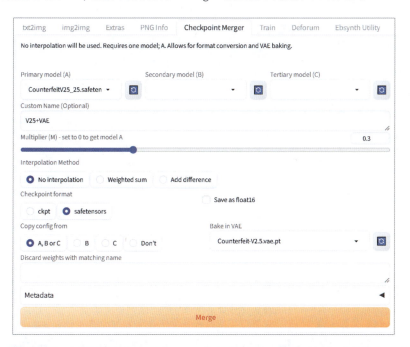

📋 **小作业**

尝试将古风写实大模型和动漫大模型相结合，生成有古风动漫效果的图片。

2.5.6 稳定的局部重绘

接下来分别从基础维度和进阶维度来介绍如何进行局部重绘。基础维度的局部重绘可以通过Web UI内置的内容来完成。打开"img2img"界面，在下方的"Generation"选项卡中找到"Inpaint"。

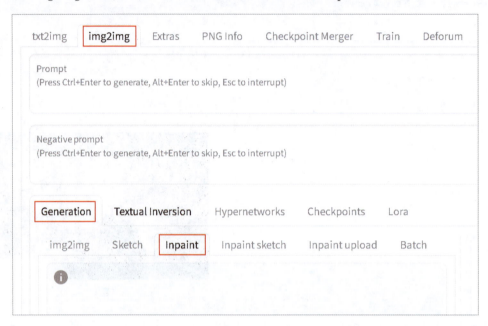

"Inpaint"中有一个巨大的图片上传区域，可以单击空白区域上传图片或者拖入图片进行上传。

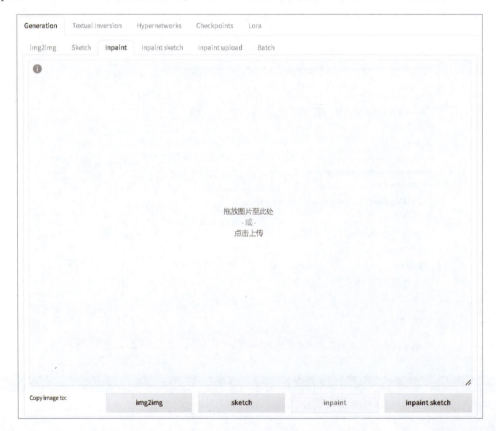

界面下方是实现局部重绘的一些专用参数，如"Resize mode""Mask blur""Masked content""Inpaint area"等。

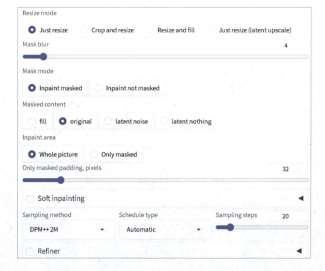

导入一张之前生成的图片，然后用默认的黑色画笔涂抹人物脸部，让其表情从微笑变为哭泣，让眼睛的颜色从蓝色变为红色。导入图片之后就可以通过长按鼠标左键直接在图片上进行涂抹了，因为要更换表情和眼睛颜色，所以只涂抹脸部即可。

上述操作完成后输入对应的提示词。修复局部内容的方法有两种：一种是直接输入描绘局部的提示词；另一种是在反向提示词中输入几个常用的反向Embedding集合。

反向Embedding集合一般是指反向提示词的集合，使用这种集合后，可以用较小的内存占用量获得一定的画面修改效果，类似于LoRA，但是两者的原理不同。常见的反向Embedding集合有减少画面畸形、集成常用反向提示词等功能。我们可以通过在CIVITAI上搜索"negative embedding"来获得各种针对不同效果的反向提示词，将其下载后放在"sd.webui\webui\embeddings"路径下。反向Embedding集合的使用和LoRA一样，输入反向提示词后，在界面下方的"Textual Inversion"选项卡中直接单击模型卡片即可。

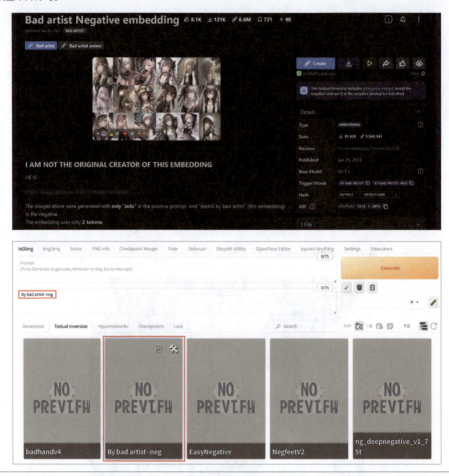

继续向下滚动鼠标滚轮，在"Mask mode"中选择"Inpaint masked"，也就是只重绘用画笔涂抹的区域。在"Masked content"中选择"fill"，即直接填充蒙版区域。在"Inpaint area"中选择"Only masked"，即只在涂抹的蒙版区域内修改内容。然后就可以生成图像了。

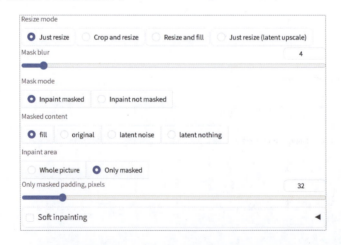

需要注意的是，要对重新绘制的图像的分辨率进行调整，使其与原图的基本一致，否则会出现图像内容缺失或者局部重绘出错等问题。

进阶维度的局部重绘可以通过局部重绘插件Inpaint Anything来实现。插件的具体教学会在"8.2.1 AI绘画与电商设计"中详细讲解，此处仅做简单介绍，读者只需要了解即可。

安装好插件后，在插件界面中导入图片并选择好需要的Segment Anything模型，然后单击"Run Segment Anything"按钮，AI就会开始对画面中的元素构成进行识别。

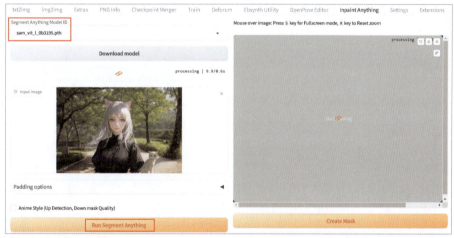

识别完成后，界面右侧会展示识别结果，即以不同颜色的色块来标识识别出的物体所占的画面空间。例如，想要将画面中的白色猫咪替换成黄色猫咪，那么就在右侧代表猫咪的紫色色块中用笔刷进行涂抹（直接长按鼠标左键就可以进行涂抹）。默认笔刷是黑色的，简单涂抹后，紫色色块上便出现了黑色的涂抹痕迹。最后单击"Create Mask"按钮即可。

单击"Create Mask"按钮后，下方原先空白的区域便会出现一个图像，同时可以看到，在上一步中被涂抹的地方会生成白色蒙版，即白色猫咪区域被覆盖了白色蒙版。其实，这一步操作的根本目的是让AI帮助操作者创建蒙版。大部分创建的蒙版是比较合适的，如果蒙版有问题或者想要扩展蒙版区域，可以单击"Expand mask region"按钮。

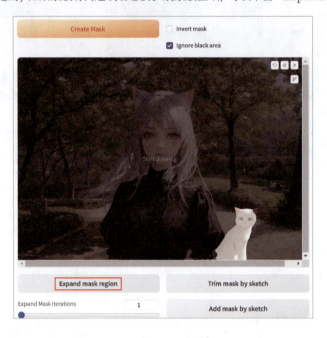

如果创建的蒙版没有问题，就进入左边区域输入提示词并选择想要使用的重绘模型，然后单击"Run Inpainting"按钮开始重绘。选用不同类型的模型会对重绘后的局部区域与原图的融合效果产生不同的影响。如果想让画风偏写实一些，则选择写实风格的重绘模型，这样得到的效果会相对好些。

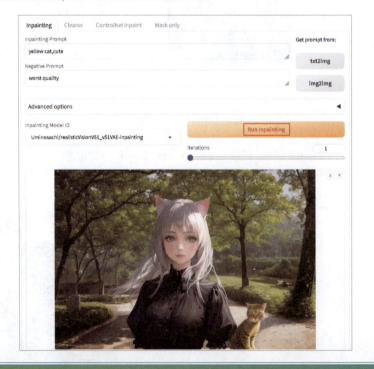

📗 **小作业**

尝试使用Web UI内置的图生图局部重绘功能（Inpaint）来修改一张人物照片，如改变照片中人物的表情等。

第 3 章

AI 绘画模型训练

本章介绍AI绘画模型训练的准备工作、LoRA与Checkpoint模型的训练流程，还介绍多种风格化LoRA及模型。读者可以了解从前期准备到实际训练模型的全过程，掌握不同模型的特点与适用场景，并最终训练出自己的AI绘画模型。

3.1 训练前的准备

在进行AI绘画模型和LoRA训练的学习之前，需要准备一台显存最好在6GB以上的计算机。虽然LoRA的训练对计算机显存要求相对不高，但是模型的训练需要12GB以上的显存。如果实在没有，可以使用云计算机或者渲染农场。短期来看，用云计算机或者渲染农场进行训练可以免去高额的显卡购买费用，性价比相对较高。同时还要确定好训练素材，即训练的模型或者LoRA是什么主题内容，需要准备对应的图片。只有这样才能让AI生成想要的效果。

3.1.1 训练素材的选择及处理

对AI绘画模型训练而言，训练集的质量远比数量重要。如果你的训练集素材模糊不清且图像角度、风格等要素单一，那么训练出来的模型所生成图像的效果就不会很好。这里以一个简单的虚拟人红枝为例，红枝是笔者用3D人物建模软件VRoid Studio简单制作出的虚拟人，笔者从不同的角度为她拍了一些不同的照片，并且让她摆出不同的姿势及表情，这样训练集的质量才会更好。这个人物相对简单，用15张图片就可以组成训练集。训练集中图片的背景不宜太杂乱，否则训练集中会混入一些奇怪的像素，影响图片生成质量。

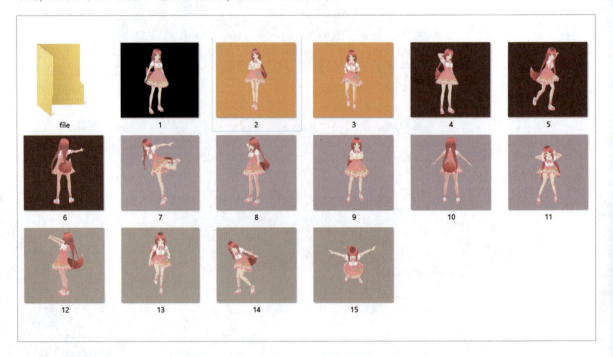

3.1.2 LoRA训练软件的下载及安装

早期的LoRA模型一般是用Web UI的Dreambooth拓展插件进行训练的，但随着Web UI的不断更新，Dreambooth拓展插件已经跟不上更新速度，继续使用会导致报错。因此，现在大都改用Koyha_ss了。它是专门用来进行Dreambooth模型及LoRA训练的开源软件，界面风格类似于Web UI，但上手难度相对较低。

关于下载及安装Koyha_ss的教程非常多，这里因篇幅有限而不进行细致说明，可以直接进入GitHub搜索"Koyha_ss"。

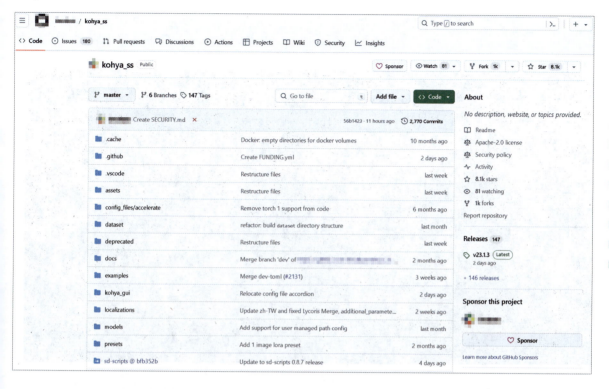

安装Koyha_ss相对简单很多。向下滚动鼠标滚轮可以看到依赖环境信息，确保它们全部已经安装完成。

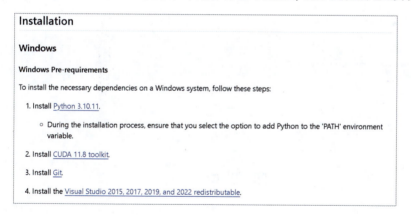

在界面中找到安装步骤，这里就不详细说明了。可以看到界面中有"Colab"选项，如果想直接利用在线平台尝试使用Koyha_ss，那么可以进入Colab查看。

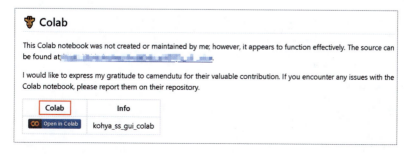

这里需要注意，如果你的Python版本低于3.10.9，那么即使成功安装了Koyha_ss，其运行时也会闪退。例如，用3.10.6版本的Python打开setup文件进行安装，界面中会出现因为版本过低而安装失败的提示。这时只要单击GitHub安装界面中的蓝色文字"Python 3.10.11"即可下载对应版本的安装包。打开安装文件时，界面中会出现是否更新至3.10.11版本的提示，选择更新即可。这时再次打开setup文件即可正常开始安装或更新。

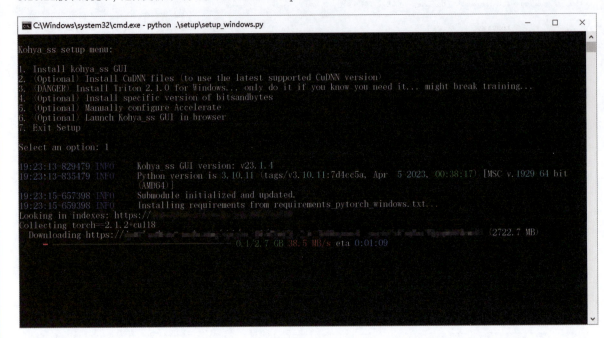

全部安装或者更新完成后，双击安装包中的"gui-user"批处理文件，即可运行并打开Koyha_ss的GUI。

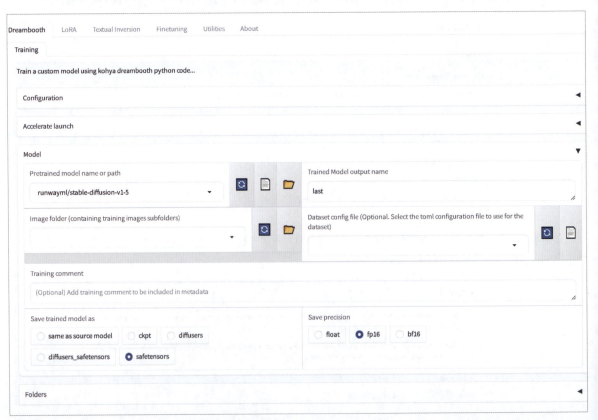

3.2 LoRA模型训练的基本流程

前面我们了解了一种简单的模型训练素材的处理方法。LoRA模型训练方式的效率和质量都相对较高，下面展示其训练的基本流程。

3.2.1 训练环境的参数设定

之前已经安装好了模型训练器，下面直接进行模型训练。值得注意的是，随着Koyha_ss的更新迭代，其可调参数增加了很多，这里主要介绍常用参数。

界面中有"Dreambooth""LoRA""Textual Inversion"等选项卡，这些选项卡分别对应着不同的模块。"Dreambooth"选项卡对应Dreambooth模型的训练模块，"LoRA"选项卡对应LoRA模型的训练模块。进入"Utilities"选项卡后单击"Captioning"，然后选择"BLIP Captioning"选项，在这里可以进行图片的预处理。可以通过这个模块给图像打标签，让后续的AI学习识别图像内容更加顺利。

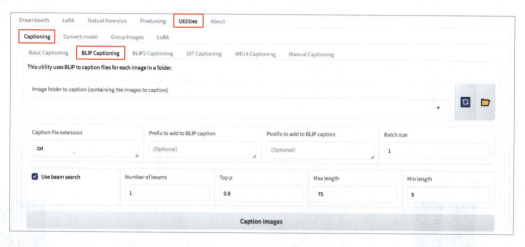

只需要把图像文件路径粘贴至"Image folder to caption"处，或者单击右侧的文件夹按钮，直接选择存储路径，然后在保持其他参数为默认设置的情况下单击下方的"Caption imgaes"按钮，即可开始第一次打标签工作。第一次打标签时可能需要下载一些图像识别的脚本，所以也需要开启网络加速。

完成打标签工作后，我们可以在文件夹中看到每张图片后面都有一个专属文档，这个文档里是描述图像的一句话。但是这样的方式仅适合处理简单的角色，对于稍微复杂的角色，建议使用"关键词反推"这样的插件或者使用训练器自带的WD14 Captioning来更精准地添加关键词。

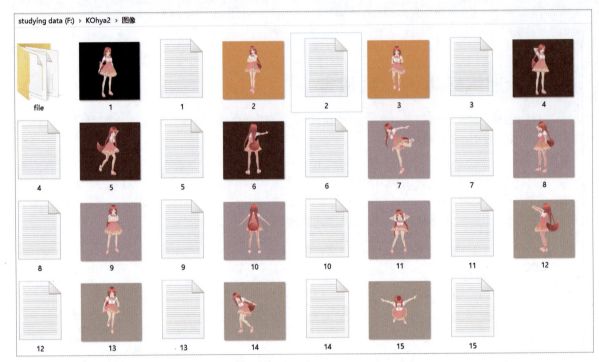

有时识别的内容不一定完全正确，因此最好——打开文档查看内容是否准确。例如，1号图像中的尾巴被识别成了猫，将"pink cat"改成"pink fox tail"，然后保存即可。

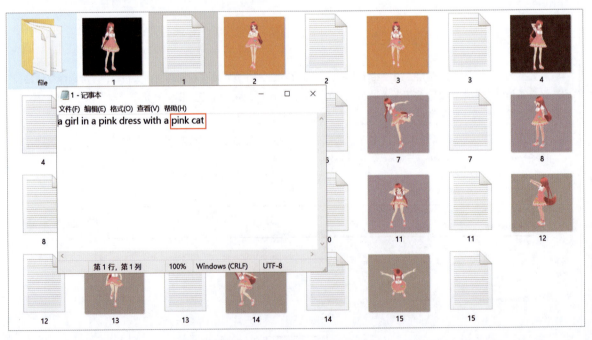

BLIP Captioning整体效果相对宽泛，如果感觉精度太低，可以试试WD14 Captioning。复制一份图片并放入一个新创建的文件夹，进入"WD14 Captioning"界面，然后选择新文件夹的路径，在保持其他参数为默认设置的情况下单击最下方的"Caption images"按钮。当然，如果对精度有要求或者有一些不想要的关键词，都可以通过这个模块进行处理。WD14 Captioning的训练上限相对较高，适合对训练精度要求高的人群。

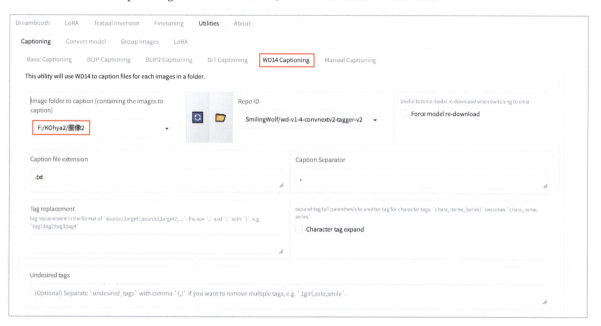

在用WD14 Captioning打标签后，打开文档可以看到对应的图像的描述性文本。相比BLIP Captioning，使用WD14 Captioning生成的图像描述，其细节更丰富，从人物表情到服饰细节都有较好的说明。

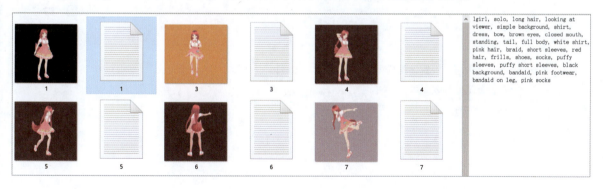

我们可以根据需要选择打标签的方式，在打完标签后就可以进行LoRA模型训练了。

3.2.2 训练并正确使用LoRA模型

LoRA训练模块界面中有很多参数和选项，初学者仅需了解如下几个即可。在"Configuration"中可以调用其他参数配置文件或者保存当前参数配置文件，方便下次调用。在"Accelerate launch"中可以设置一些让训练加速的参数或者硬件选项，一般家用计算机无须设置。在"Model"中可以选择训练的底模，以及设置训练出的模型的名称、格式、精度和训练图片等内容。

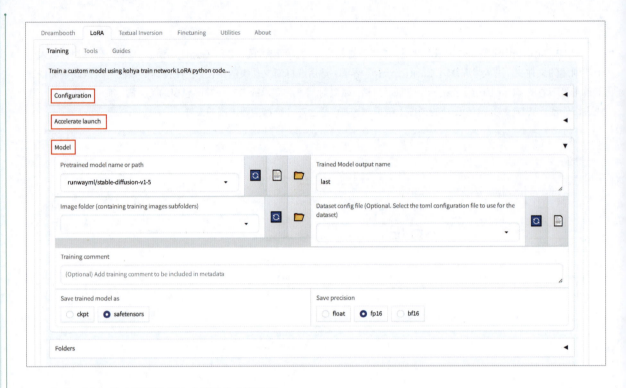

在"Folders"中可以设置输出模型的存储路径。

在"Parameters"中可以设置训练模型的参数，包含"Basic"（基础）、"Advanced"（高级）和"Samples"（采样）3个模块。一般设置基础参数即可。

Parameters
Basic
Advanced
Samples

设置好上述参数和选项后，我们需要创建几个文件夹，以便Koyha_ss进行处理。先创建一个总文件夹，并命名为"LORAout"。然后在其中创建一个"imgae"文件夹（存放训练图片）、一个"log"文件夹（存放训练日志）和一个"output"文件夹（存放输出的模型）。注意，文件夹的名称和位置没有任何要求，可以放在任意容量充足的磁盘分区中。

📁 image
📁 log
📁 output

进入"image"文件夹，然后创建一个训练文件夹。训练文件夹的名称是有要求的，格式必须是"数字+下画线+任意名称"。下画线后面的名称可以任意填写，这里为了方便理解，就用"train"来命名。例如，这里有13张图片，如果要保证每张图片都能训练100次，那么训练文件夹的名称就是"100_train"。文件夹创建完成后，就可以把图片和文档全部复制进来。

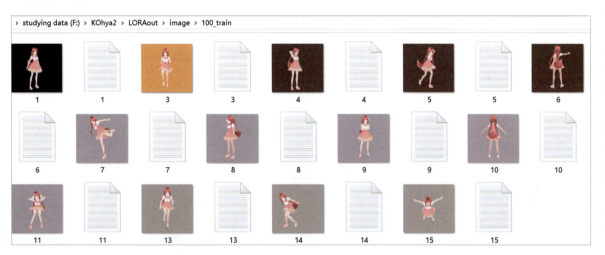

完成上述操作后，回到训练器的LoRA训练模块界面，在"Model"的"Pretrained model name or path"下拉列表中可以选择任意底模，选中的模型会在开始训练时自动下载。这里可以选择stabilityai/stable-diffusion-2-1版本底模（初学者建议使用runwayml/stable-diffusion-v1-5，否则使用常见模型时LoRA容易识别不出来），然后选择训练文件夹所在的路径。

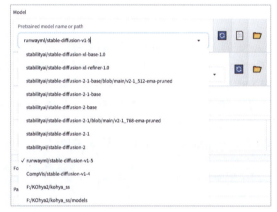

最后在"Folders"中指定输出目录。

在"Parameters"中，可以看到"Presets"下拉列表中有很多LoRA的预设，如果有需要的预设，可以进行选择；如果不需要，选择默认的"none"即可。在"LoRA type"下拉列表中选择"Standard"；"Train batch size"保持默认数值1，如果你的计算机显存容量在12GB以上，可以将"Train batch size"的数值设置为2。"Epoch"是指训练的轮数。在前述示例中，每张图片的训练次数都是100，15张图片训练一轮就是1500次，这里"Epoch"的值保持默认即可。如果每张图片训练次数较少，可以通过提升轮数来获得更好的效果。

需要注意的是，"Save every N epochs"是指每完成N轮训练后自动保存一次模型。例如，设为1表示每完成一轮训练后自动保存一次模型。当轮数太多时，可能会保存多个模型，可以根据实际需要进行调节。"Caption Extension"用于设置文本格式。例如，文本是.txt格式，那么输入".txt"就可以。

在"LR Scheduler"（LR调度器）下拉列表中选择"constant_with_warmup"或者"constant"，在"Optimizer"（优化器）下拉列表中选择"Adafactor"或者"AdamW8bit"，这些参数对显存容量要求较低，适合容量为8GB左右的显存。一般"Learning rate""Text Encoder learning rate""Unet learning rate"的数值设置范围为0.00005～0.0001，读者可以自己尝试找到合适的数值，然后将"Max resolution"的数值设置为"512,512"（若是SDXL模型，可以设置为"1024,1024"）。将"LR warmup (% of total steps)"的数值设置为0，最后将"Network Rank (Dimension)"的数值设置为64或128。"Network Rank (Dimension)"的数值越大，训练的LoRA模型越大。

在"Advanced"中，可以在"Weights"选项卡中勾选"Gradient checkpointing"选项，这样能提升显存利用率。

做完准备工作后，单击最下方的"Start training"按钮即可开始训练模型。训练前最好开启网络加速，以防训练器更新或者一些新脚本加载失败。

Start training	Stop training
Print training command	
Start tensorboard	Stop tensorboard

开始训练后，界面中有时会显示报错信息"AttributeError: module 'tensorflow' has no attribute 'io'"，此时用户不必慌张，只需在koyha_ss目录中找到"venv"文件夹并将其删除，然后双击"update"，选择重新安装即可。待进度条显示至100%时，LoRA模型就训练好了，可以在对应的输出文件夹中找到。

下面介绍如何使用LoRA模型。先在目录中找到"Lora"文件夹，将输出的"Lora"文件放进去。

sd.webui ＞ webui ＞ models ＞ Lora

要注意的是，LoRA模型是与Stable Diffusion版本相关联的。这里选择的是Stable Diffusion 2.1。如果版本不匹配，那么模型就无法使用，会出现加载LoRA生成图片出错或者无法识别的情况。由于目前的大模型以Stable Diffusion 1.5版本和SDXL版本为主，因此建议读者尝试用1.5版本训练LoRA模型。

为了更好地为读者演示，笔者用Stable Diffusion 1.5版本重新训练了LoRA模型，并且用一个相对较古老的基于1.5版本的卡通风格模型Counterfeit-V2.5进行演示。

LoRA的使用方法非常简单。在"Lora"文件的"txt2img"界面中选择"Lora"，可以看到界面中出现了灰色的小卡片，小卡片的名字就是LoRA模型的名字，存放的LoRA模型都会在这里展示。如果看不到LoRA模型，可以单击↻按钮进行刷新，或者查看自己训练的LoRA模型版本和目前加载的模型版本是否一致。单击名为"hongzhi1.5"的小卡片后，正向提示词的输入框中就会出现"<lora:hongzhi1.5:1>"，其中"hongzhi1.5"代表模型名称，"1"代表模型权重。

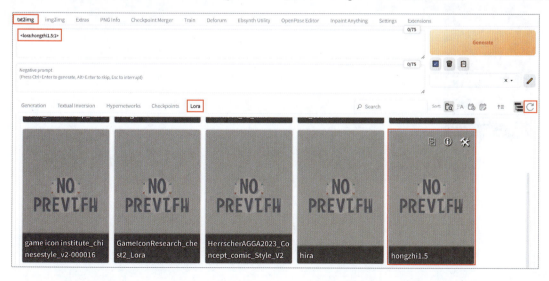

这里添加一些简单的提示词并快速生成图片，看一下效果。首先，添加用于描述角色服装及外貌的提示词，如"pink dress""yellow eyes""pink hair"等，并将模型的权重调整为0.8。然后，加入一些质量前缀提示词，并添加反向Embbeding集合，同时启用ADetailer插件，优化手部和脸部。勾选"Hires.fix"选项，将画面的分辨率提高到1024像素×1024像素。生成图片后可以发现，AI生成的人物效果相对较好。

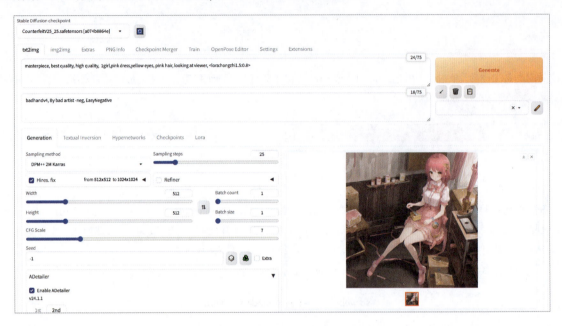

要注意的是，如果想要获得更加准确的效果，需要输入更加精确的提示词。如果不清楚怎么描述最合适，可以在"Lora"中找到对应的小卡片，单击小卡片右上角的工具按钮查看LoRA训练集中的提示词（使用WD14 Captioning打标签所得）。

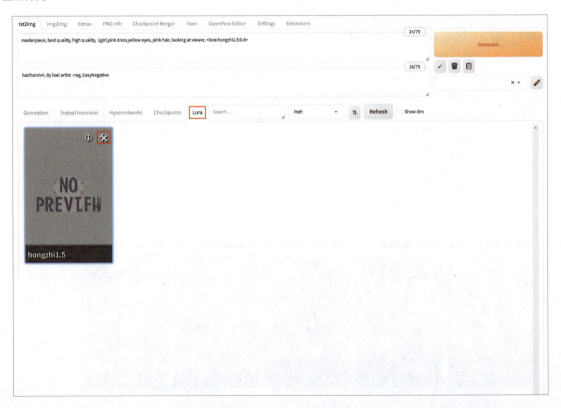

可以从这些提示词中获得灵感，从而更好地优化提示词组，实现更加精确的描述效果。

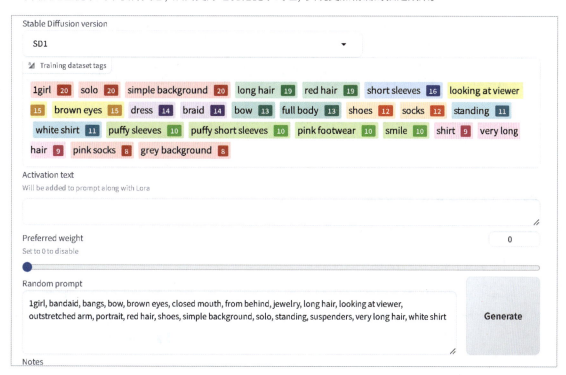

另外，如果发现图片大部分是全身照和远景照，近景、头部和脸部效果不好，可以在训练集中添加一些近景特写照，如人物的半身照、大头照等，这样模型的训练效果会更好。

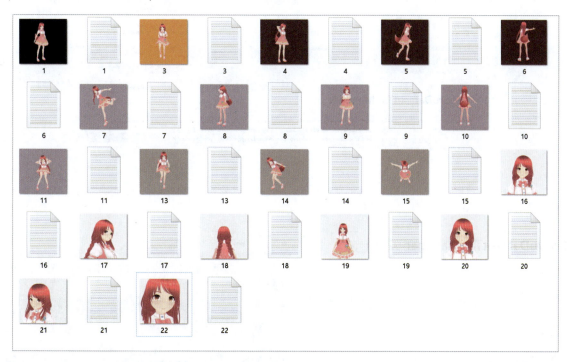

📝 **小作业**

尝试用一个你喜欢的动漫人物的图片作为训练集，训练一个LoRA模型。

3.3 Checkpoint模型训练的基本流程

本节将带领大家通过最简单的方式来训练自己的Checkpoint模型。由于从0到1的传统训练需要耗费大量的显卡算力和电力资源，因此可以从已经预训练好的官方基础模型开始训练，这将大大节省训练时间。

3.3.1 配置训练环境

下面以之前的红枝角色为例对如何配置训练环境进行说明。为了方便修改提示词，可以进入GitHub下载BooruDatasetTagManager项目，它能够帮助我们快速预览所有图像的提示词内容。进入项目界面后，单击右侧的"Releases"，找到最新的版本并下载即可。

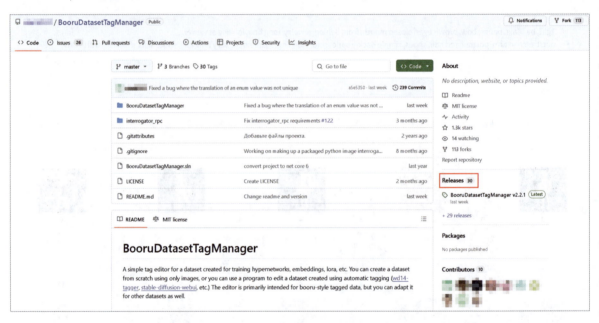

在"Assets"中找到带有"BDTM"字样的文件并下载。在任意目录下将其解压后打开，它的应用程序界面如下方右图所示。

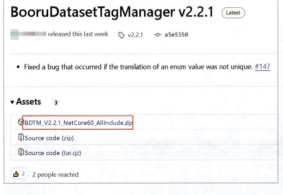

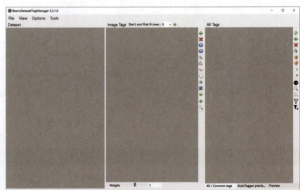

在"File"选项卡中选择"Load Folder"命令加载需要的文件夹。这里加载的是之前已经用WD14 Captioning打好标签的文件夹。

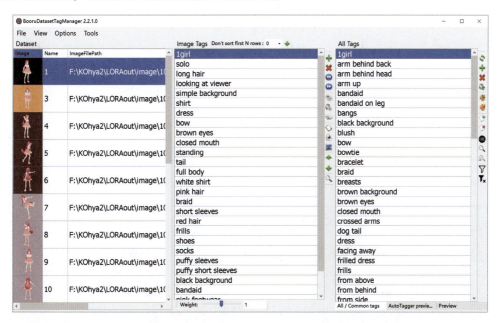

加载好选择的文件夹后，就可以看到其中每个图像及其对应的提示词标签内容了。左侧是图像列表，中间是当前图像的提示词标签列表，右侧是所有图像包含的提示词标签列表。

例如，选择一张头部特写照，然后单击中间列表右上方的绿色加号按钮，就会创建一个空白提示词行，在其中输入提示词，即可赋予图像需要的提示词内容。这里输入了"CLOSE SHOT"提示词使其获得近照的特写效果。在中间列表添加新提示词后，右侧列表会同步更新。删除提示词同理。

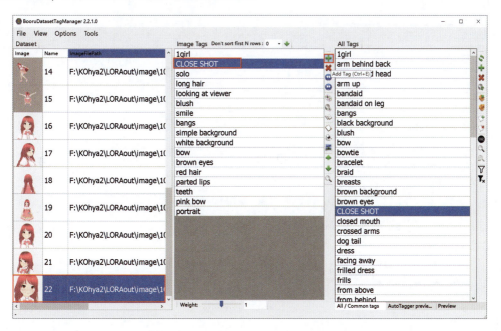

需要注意的是，如果这里的很多图片都有简单背景或者纯色背景提示词，那么需要在右侧列表中删除"simple background""brown background""black background"等提示词，以防其训练时被过度添加，从而导致生成的图片没有丰富的背景细节。修改完成后保存即可。

接下来打开Koyha_ss，进入"Dreambooth"选项卡进行模型训练。

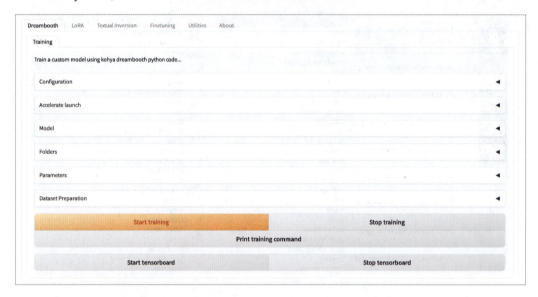

在"Model"中可以修改模型的名称，选择合适的图片文件夹。其他参数可以保持默认设置。

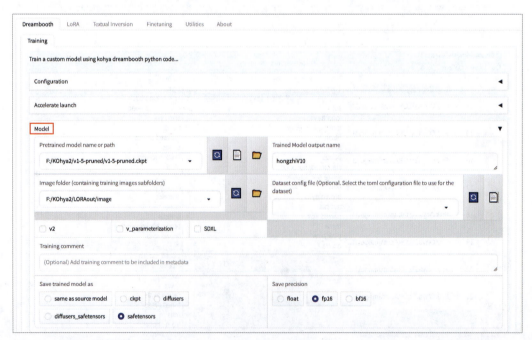

在"Folders"中为之后训练好的模型设置输出路径。这里为了方便辨认，创建了一个文件夹并命名为"checkpoint out"。其余选项无须设置。

在"Parameters"中将"LR Scheduler"设置为"constant_with_warmup"，"Optimizer"可以选用默认的"AdamW8bit"，也可以选用"Lion"。

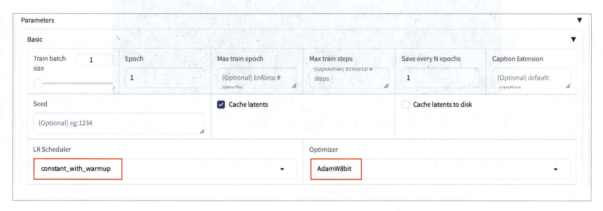

如果"Optimizer"选用默认的"AdamW8bit"，那么将"Learning rate Unet"和"Learning rate TE"设置为1e-4，然后单击下方的"Start training"按钮开始训练。

如果选择的是"Lion"，那么将"Learning rate Unet"和"Learning rate TE"设置为0.00003后，再单击"Start training"按钮开始训练。

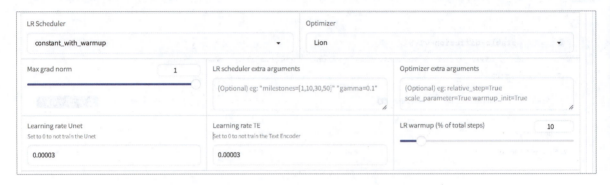

3.3.2 训练并优化模型

开始模型训练后，可以在命令行窗口中看到训练时间，训练时间的长短取决于训练素材、训练参数及计算机显卡配置等。笔者用的是GeForce RTX 3070显卡（8GB显存容量），训练时间大约为5个小时。

训练完成之后，就可以将模型放入Web UI或者Comfy UI的模型文件夹中并进行绘画尝试了。模型的使用比较简单，下面着重介绍关于训练的其他参数。

如果想改善训练速度，可以在"Accelerate launch"中尝试增加"Number of CPU threads per core"的数值，默认数值是2（如果有更高性能的显卡，可以调节这里）。

在 "Model" 中，可以选择训练模型的版本，如Stable Diffusion 2.0或者SDXL。

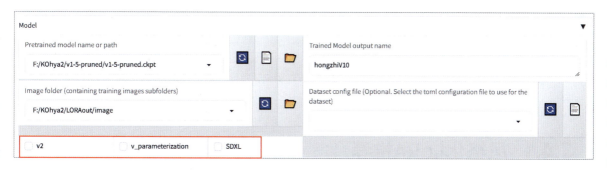

在 "Parameters" 中，可以调节 "Train batch size" 的数值，以控制训练速度。如果将模型训练比作往瓶子里灌水，那么 "Train batch size" 数值的大小就意味着瓶口大小，也就是说，这个数值越大，相同时间内灌的水就越多，训练速度就越快，但是对显卡的性能要求也更高。"Train batch size" 的默认数值 "1" 是最小、最保险的数值，如果显存容量大于20GB，那么设置数值为2～4都是没有问题的。"Epoch" 代表对训练集进行训练的次数，数值为1代表完整训练一次全部图片，数值为2代表完整训练两次所有图片。训练次数越多，对原图片的刻画就越好，但是训练次数也不能过多，不然会出现过拟合的情况。

"Save every N epochs" 则代表每完成N次训练后自动保存一次模型，其数值为1代表每完成一次训练后就自动保存一次模型文件，数值为2代表每完成两次训练后自动保存一次模型文件。如果训练次数较多，可以修改这里的数值，以通过减少模型生产量来减少磁盘空间占用。如果训练次数为1，则无须调节。

如果训练出来的模型效果比较一般，那么可以将其和其他模型进行融合，这样能获得不错的效果。这里将新模型和官方的v1-5-pruned-emaonly模型进行融合，并拷入VAE。

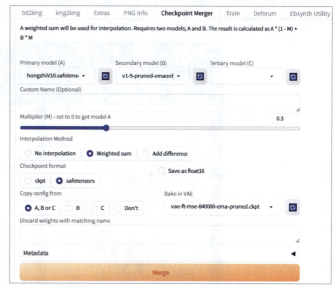

3.4 风格化LoRA及模型推荐

本节将介绍一些在AI绘画中比较有趣的风格化LoRA和模型，为读者学习其他部分内容提供更多的参考。

3.4.1 风格化LoRA推荐

就使用的便利性而言，Detail Tweaker LoRA（细节调整LoRA）当居首位。该模型使用起来非常简单，且能很好地控制画面精细程度，甚至能将权重调至－2来极大地减少画面细节，也可以通过增大权重来快速丰富画面细节。

中国水墨风格的墨心MoXin在场景的风格化方面表现优异。它几乎可以将一切能用画面表现的物体水墨化。一个充满现代感的动漫角色搭配水墨效果，能给人新奇的感受。

如果你喜欢漫画风格的画面，那么Anime Lineart / Manga-like（线稿/漫画风）Style一定可以满足你的想象。这个LoRA仅用很小的存储空间便可以实现漫画风格的效果，可以让你尽情搭配其他角色LoRA快速生成想要的漫画风格画面。

如果你喜欢拍立得的效果，那么LEOSAM's Instant photo 拍立得/Polaroid LoRA & LoHA模型一定不要错过。这个模型配合写实模型，能让你的画面更接近拍立得的效果。当然，你也可以上传自己的照片，然后让AI来完成拍立得效果的转化。

M_Pixel 像素人人是一种像素风格的LoRA。对一些资金有限的像素风独立游戏创作者来说，若将M_Pixel 像素人人与自己训练的游戏人物LoRA搭配使用，则可以非常方便地完成人物绘制，大大减少美术工时。

3.4.2 风格化模型推荐

下面介绍几个常用的风格化模型。

Realistic Vision模型的写实效果非常好，能生成细节非常丰富的人物肖像和场景，甚至汽车、动物都能描绘得非常好。将该模型搭配一些幻想的角色或者物体LoRA，可以生成非常有趣的画面。

如果你喜欢动漫风格，那么Counterfeit系列模型值得一试。该系列模型虽然在2023年4月已经停止更新，但是在生成富有细节的二次元人物及场景时依然非常好用。

如果你喜欢机甲或者赛博朋克风格，可以使用GhostMix系列模型，它的画面细节完成度较好，特别是机械管线、盔甲等的生成效果，在细节上有非常不错的观感。

如果你喜欢幻想风格的2.5D画面，可以使用majicMIX fantasy 麦橘幻想系列模型，它在生成2.5D幻想风格的人物上表现较好。

　　万象熔炉｜Anything系列模型在二次元、写实、风格化方面的出图效果表现良好，非常适合平时不常切换各类模型的创作者使用。

　　在动漫方面还有很多模型也非常有趣，如Pony Diffusion系列，它在AI绘画创作群体中口碑相对较好，无论是写实风、日式动漫风还是美式卡通风都能很好驾驭，综合能力较强。读者可以根据需求自行选择。

> **📋 小作业**
>
> 　　下载几个你喜欢的模型，然后在不同的模型中输入相同的提示词并设置相同的选项和参数生成图片，对比不同模型生成图片的效果。

第 4 章

Comfy UI 的节点
流程化操作

本章介绍Comfy UI的节点流程化操作。其实节点流程化很像是运用编程思维图形化地展现计算机执行命令的逻辑。通过这种可视化方式从底层调用AI绘画的一些参数工具，可提升AI绘画效率。

4.1 Comfy UI概述

相信有不少读者对Comfy UI不陌生，虽然它不如Web UI有名，但是其功能一点不比Web UI少。

4.1.1 Comfy UI与Web UI的对比

Comfy UI和Web UI其实都是Stable Diffusion的可视化界面，两者最大的区别是界面和运行方式的不同。在Web UI中，使用某个功能时只需要去对应的界面寻找，或者安装插件后去对应插件界面寻找即可。但是在Comfy UI中，想实现某个功能需要去调用各种各样的节点，通过不同节点组合实现不同的功能。也就是说，在可视化程度上，Comfy UI是低于Web UI的。但是，在性能和出图效率上，Comfy UI远高于Web UI。

用AI生成类似的图像，Comfy UI的生成速度比Web UI的快且占用的计算机资源更少，这对一些配置较低的计算机非常友好。重要的是Comfy UI支持节点的保存，也就是说用户可以通过加载任意的节点配置文件来快速复制其他人的绘画环境，即形成"工作流"。

4.1.2 Comfy UI安装及模型置入

Comfy UI的安装步骤如下。在GitHub上搜索"Comfy UI"，进入后可以看到下面的界面。

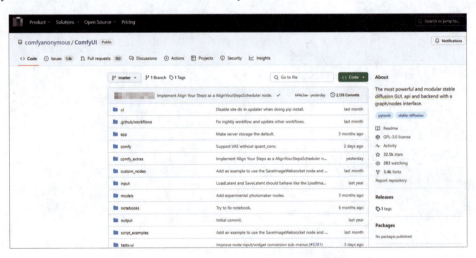

向下滚动鼠标滚轮，找到"Installing"，然后单击蓝色文字"releases page"，进入下载界面。

单击"Assets"展开目录，下载其中的任意一个版本即可。文件并不是按上传时间先后的顺序排列的，所以可以向上或向下滚动鼠标滚轮查看列表，找到最新的版本。当然，用其他版本也没有问题。值得注意的是，相比其他品牌的显卡，NVIDIA显卡的适配性更好。

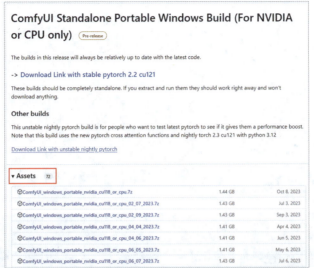

下载完成后直接解压文件包并打开文件夹。如果计算机显卡恰好是NVIDIA的且性能较好，那么可以双击"run_nvidia_gpu"运行Comfy UI。如果不是，那么双击"run_cpu"运行Comfy UI。

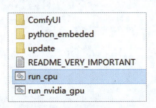

启动Comfy UI后，界面如下图所示。如果是第一次启动，可能会有默认工作流出现在上面。另外，界面是纯英文的，需要通过安装插件的方式来获得中文界面。在进行后面的学习之前，先安装好基础插件，如AIGODLIKE-ComfyUI-Translation、ComfyUI-Manager、ComfyUI-VideoHelperSuite、ComfyUI-Advanced-ControlNet、ComfyUI's ControlNet Auxiliary Preprocessors等。这些插件都能在GitHub上找到，如果不知道怎么安装，可以单击右侧的"管理器"按钮。

在弹出来的界面中单击"安装节点"按钮，然后在出现的界面中直接搜索插件名称或者往下滚动鼠标滚轮寻找需要的插件。找到需要的插件后单击右侧的"安装"按钮即可安装，当然最好全程保持网络加速状态。

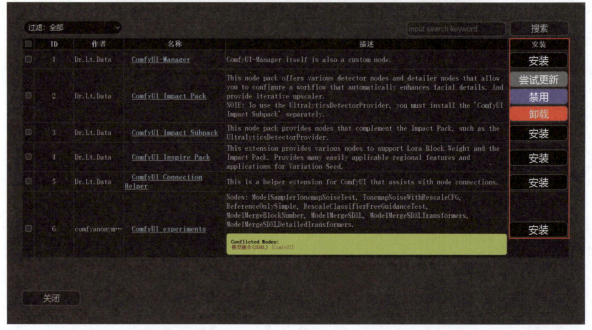

当单击"加载默认"按钮后，界面就会展示标准工作流，此时就可以进行简单绘画了。当然，这里需要有模型才行，所以下载好的模型需要先放到Comfy UI目录的"checkpoints"文件夹中。

ComfyUI_windows_portable › ComfyUI › models › checkpoints

单击"添加提示词队列"按钮即可开始生成图像，若有图像生成，则表明安装成功。建议直接在管理器中搜索并安装中文汉化插件，然后单击右上角齿轮按钮来调整语言。

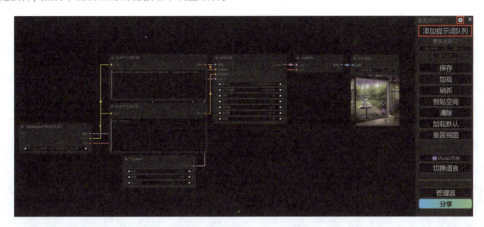

4.2 Comfy UI界面与操作方法

本节主要介绍Comfy UI界面及如何生成定制的程序化AI图像。

4.2.1 Comfy UI界面

打开Comfy UI后进入主界面，有时界面中会显示默认工作流，有时没有。菜单栏的位置是可以调整的，可以通过拖曳菜单栏顶部来随意改变它的位置，且菜单栏尺寸不会受到视图缩放的影响。如果想移动界面，可按住鼠标滚轮并拖曳；如果想让界面内容纳更多节点，那么可以向下滚动鼠标滚轮；相反，想放大节点，可以向上滚动鼠标滚轮。

如果想要生成多个图像，可以勾选菜单栏中的"更多选项"并更改"批次数量"的数值。例如，设置"批次数量"为4，这样单击"添加提示词队列"按钮后就会生成4个图像。

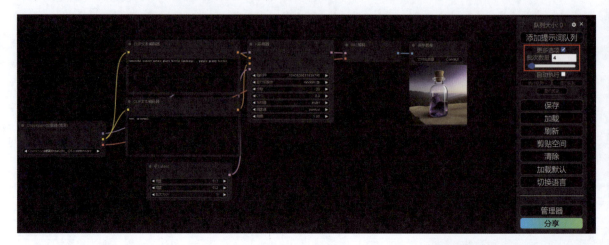

如果想要快速清屏，可以单击"清除"按钮。这时，界面中会提示是否清除工作流，单击"确定"按钮即可清空界面。如果需要一个基础的工作流起步，可以单击"加载默认"按钮，这时就会有一个最简单的工作流出现在界面中。

假如你做好了一个复杂的工作流，想要保存它的参数以便下次使用，可以单击"保存"按钮。这样界面中会弹出一个对话框，提示你命名工作流。命名完毕并单击"确认"按钮后，会自动下载为.json格式的配置文件。下次要使用它时，只需单击菜单栏中的"加载"按钮。

在空白处单击鼠标右键即可进入节点菜单。在这里你可以新建任何Comfy UI支持的节点和各类工具节点，也可以在"节点预设"中管理已经导入的节点或者将节点导出。

当你创建了复杂节点后，可以创建新的分组，即使用颜色框框选你需要的节点，并重新命名节点组。该操作能帮你厘清不同节点之间的逻辑关系。

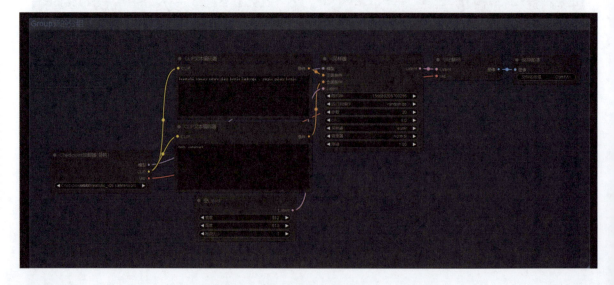

4.2.2 生成一个程序化AI图像

Comfy UI的界面操作相对来说非常简捷。下面介绍Comfy UI中的默认节点及如何利用Comfy UI生成一个图像。

"Checkpoint加载器（简易）"节点：在这里可以选择模型的类型，也可以切换不同的模型（前提是已经置入了较多的模型）。

"CLIP文本编码器"节点：有两个，它们的区别在于连接的端点不同，连接"正面条件"端点的是正向提示词，连接"负面条件"端点的是反向提示词。

"空Latent"节点：主要作用是调节图像大小和生成批次。这里的"批次大小"与右侧菜单栏中的"批次数量"有所不同，"批次大小"决定的是同时生成并展示多少张图片，设置"批次大小"为2时的效果如下图所示。

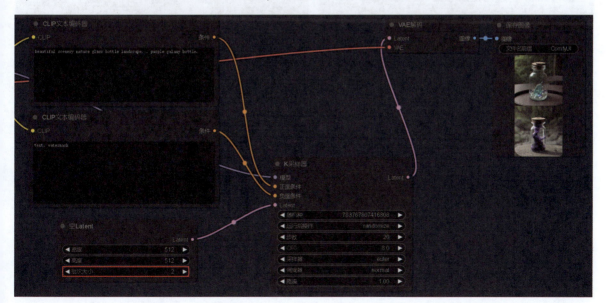

"K采样器"节点是基础工作流的重要节点，它的作用类似于运输枢纽，是各个节点汇集之处。在"K采样器"节点中可以调节"随机种""步数""CFG""采样器"等参数。

"VAE解码"和"保存图像"节点。"K采样器"通过去噪引擎逐步去除潜变量中的噪声，并将处理后的潜变量传递给"VAE解码"进行解析，然后输出为图像。"保存图像"节点相对简单，其作用只是展示或者批量修改生成图像的文件名前缀。

如果想让这些节点进行工作，那么要用节点线将其连接起来。将鼠标指针移动到节点的前、后端点上，然后按住鼠标左键拖曳即可拖出节点线，再将节点线连接到下一个节点的对应端点完成连接。相似端点的颜色和节点线颜色相同，但是有一些节点可以连接不同的端点，有一些节点就只能连接指定端点，感兴趣的读者请自行了解。

下面介绍从零开始制作基础工作流。先清空界面，然后在空白处单击鼠标右键，新建一个"K采样器"节点。创建完成后，从"K采样器"节点的"模型"端点处拉出一条节点线。

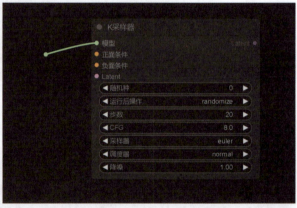

当松开鼠标左键时，系统会自动筛选能连接到这个端点的节点，然后在弹出的选项卡中选择"Checkpoint加载器（简易）"节点，这样节点就连接好了。

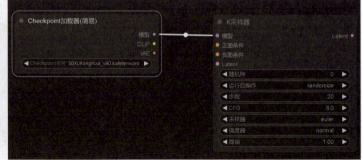

用类似方法连接"正面条件"和"负面条件"端点。可以在弹出的选项卡中选择"CLIP文本编码器"节点，也可以先创建一个"CLIP文本编码器"节点，然后进行复制并粘贴。

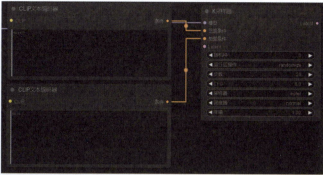

用相同方法创建"空Latent"节点和"VAE解码"节点。在"VAE解码"节点的图像端点后创建"保存图像"或者"预览图像"节点。

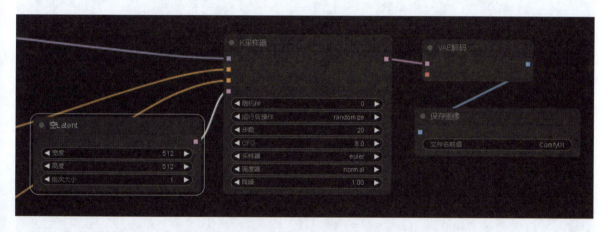

至此，基础的工作流已经制作完成，没有连接的节点会显示红色边框，需要把这些节点都连接上，否则系统会报错。

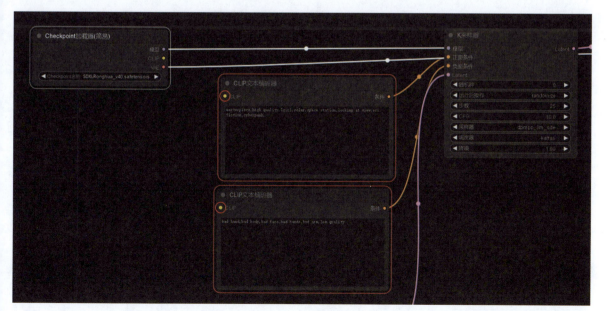

为了获得更好的图像效果，可以快速搭建一个包含"LoRA加载器"节点的基础工作流。搭建过程如下：在"K采样器"节点的"模型"端点左侧创建"LoRA加载器"节点，然后将两个"CLIP文本编码器"节点的"CLIP"端点和"LoRA加载器"节点右侧的"CLIP"端点相连，让"Checkpoint加载器（简易）"节点的"CLIP"端点和"LoRA加载器"节点左侧的"CLIP"端点相连。

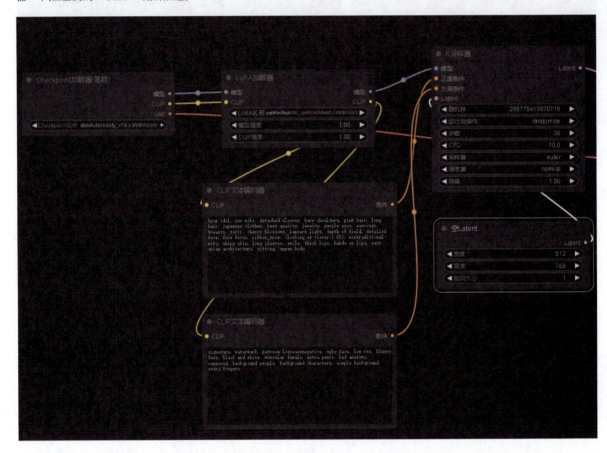

下图所示的是用一个自制角色的LoRA模型生成图像的流程。可见，模型偏向动漫风格，整体的生成速度和生成质量都相对较好。

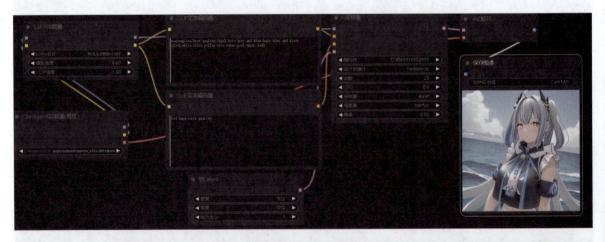

📄 小作业

使用Comfy UI加载SDXL模型，并使用LoRA生成一个你喜欢的人物角色，对比SDXL模型和Stable Diffusion 1.5模型的生成速度。

4.3 Comfy UI常用技巧

本节主要介绍Comfy UI的常用技巧。如果读者对基础操作不是很了解也没有关系，只要多练习，最终都能熟练应用。

4.3.1 运用ControlNet和IP-Adapter插件

开始学习ControlNet之前应把需要的插件安装完毕，一个是ComfyUI-Advanced-ControlNet（简称ControlNet），另一个是IP-Adapter，读者可以直接在管理器中搜索并安装。

想提取某张图片中人物的姿势并将其运用到自己的创作中应该怎么办？用ControlNet的Openpose模块就能轻松完成！在空白处单击鼠标右键，选择"新建节点>ControlNet预处理器>面部与姿态>Openpose姿态预处理器"命令，创建完毕后拖动节点左侧的"图像"端点新建一个"加载图像"节点。

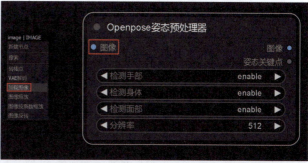

接下来单击"choose file to upload"按钮并选择一张需要提取姿势的图片，然后拖动"Openpose姿态预处理器"节点右侧的"图像"端点新建一个"预览图像"节点。

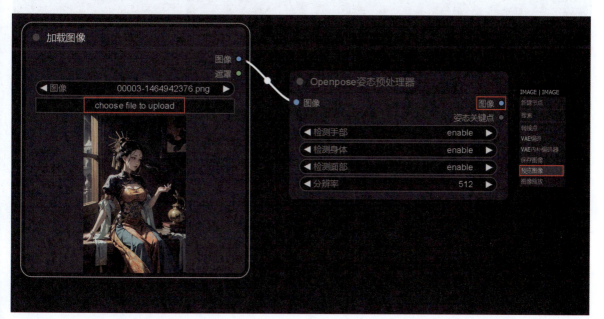

单击右侧菜单栏中的"添加提示词队列"按钮即可生成图像的姿势提取信息。第一次使用时需提前开启网络加速，因为系统会自动下载提取姿势所需要的Openpose识别模型。可以看到这张图片因为人物腿部被遮挡了，所以有一部分姿势无法识别。通过这个例子可以知道该如何调用对应的ControlNet预处理器。该预处理器类型非常丰富，笔者建议读者按照顺序把每个类型都体验一遍。

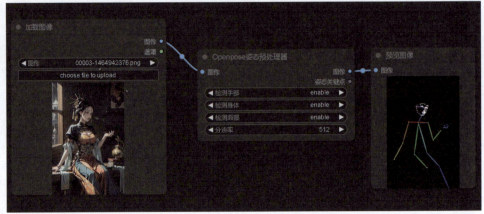

目前只是提取了原图的姿势，这个姿势并不能直接使用。要想把提取的姿势应用到自己生成的图像上，应该先制作自己的专属ControlNet工作流。清空界面后加载基础节点，建立一个"Openpose姿态预处理器"节点，然后创建一个节点组并命名为"预处理"。

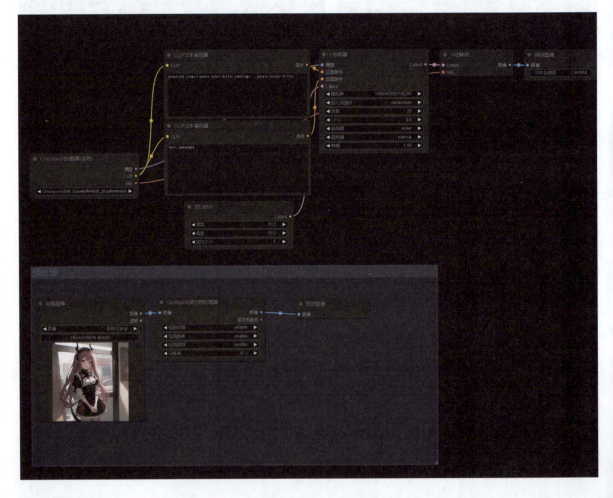

在空白处单击鼠标右键，选择"新建节点>条件> ControlNet应用"命令，新建节点。

创建完成后，拖动"ControlNet应用"节点左侧的"ControlNet"端点并创建"DiffControlNet加载器（高级）"节点。若没有安装ComfyUI-Advanced-ControlNet插件则没有这个选项，但是可以选择Comfy UI自带的"DiffControlNet加载器"或"ControlNet加载器"，前者兼容的版本更多，可以优先使用。

创建加载器节点后可以看到加载器中的ControlNet模型。第一次创建时一般没有模型，可以将ControlNet模型下载后放到"ComfyUI_windows_portable\ComfyUI\models\controlnet"路径下，也可以将Web UI中的ControlNet模型复制过来直接使用。确认模型放置完毕后切换到对应的Openpose模块。

先将"ControlNet应用"节点左侧的"图像"端点连接到"Openpose姿态预处理器"节点右侧的"图像"端点；再将"ControlNet应用"节点左侧的"条件"端点连接到正向提示词节点右侧的"条件"端点，将右侧"条件"端点连接到"K采样器"节点左侧的"正面条件"端点；最后将"DiffControlNet加载器（高级）"节点左侧的"模型"端点连接到"Checkpoint加载器（简易）"节点右侧的"模型"端点。整体连接如下图所示，选择好分辨率后就可以直接单击"添加提示词队列"按钮生成图像了。这里用科幻机械风格的提示词生成了一个包含原图姿势的新图像，新图像中人物身体各部分的姿势都通过Openpose模块限制，最终呈现的就是我们需要的姿势。

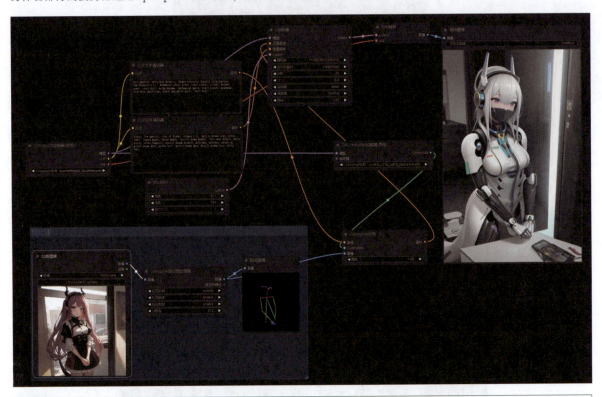

Tips 理论上来说，只要是ControlNet模型支持的功能都可以轻松实现，包括边缘检测、法向深度检测、漫画艺术线处理等，读者可以用相同的工作流尝试。

IP-Adapter在AI动画中的应用非常广泛，是使AI动画风格连续的重要插件。简单来说，IP-Adapter可以用于图像元素迁移，也就是说可以复制参考图像的风格。在学习之前，建议读者先下载对应的IP-Adapter模型。在Hugging Face中可以直接搜索该模型，下载其中的IP-Adapter Plus版本和Light版本的bin文件即可。

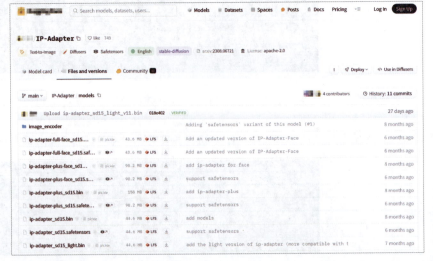

下载好后，搜索"IP-Adapter-FaceID"，然后下载"ip-adapter-faceid-plusv2_sd15_lora.safetensors"和"ip-adapter-faceid-plus_sd15.bin"这两个文件即可。如果你有SDXL版本制作需要，可以下载对应的SDXL版本文件。

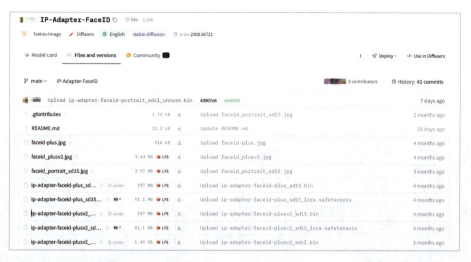

下载好基础模型后再安装IPAdapter的插件。打开GitHub并搜索"ComfyUI_IPAdapter_plus"，这里IPAdapter_plus其实相当于V2。下载好压缩文件包后，在本地的"ComfyUI_windows_portable\ComfyUI\custom_nodes"路径下解压。注意，压缩包解压后，可以看到里面嵌套了一层文件夹，把里层文件夹拿出来放到目录里，删除外层文件夹即可。

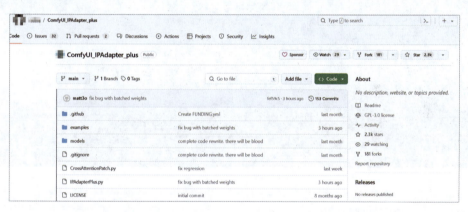

完成上述操作后重启Comfy UI，就可以看到IPAdapter的相关内容了。但要正常使用它还需要下载一些模型，这些模型的安装方法介绍可以在GitHub中找到，使用网页自带的翻译功能就可完成阅读。

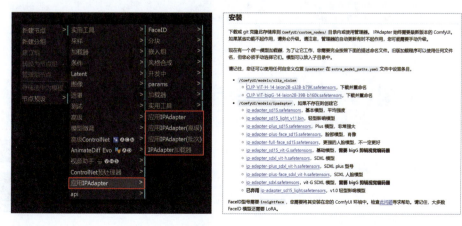

简单来说，就是需要下载两个CLIP文件，并按蓝色文字要求重命名后放入对应文件夹，然后在"ComfyUI\models"文件夹里创建一个"IPAdapter"文件夹，把需要的模型放进去，不用全部下载下来。如果想使用FaceID功能，那么还需要安装insightface插件，否则Comfy UI可能会识别不出模型文件导致报错等异常。做完这些准备工作后，再回到Comfy UI界面。

搭好基础框架，从中可以看到在IPAdapter Plus（V2）中IP加载器被整合了，可以直接选用对应模型，同时少了一个加载IP-Adapter模型的节点，即只需要用"加载图像""IPAdapter加载器""应用IPAdapter"节点就可以搭建基础工作流。用简单的提示词描述生成的图像效果已经与原图十分接近了，若想要更好的效果则需要配合使用ControlNet插件。

IP-Adapter插件非常重要，是创作AI动画不可或缺的工具。后文会结合案例进行更细致的介绍，这里将其挑选出来提前介绍是为了后续减少介绍篇幅，直接进入实操部分。

> **📋 小作业**
>
> 尝试用IP-Adapter插件配合ControlNet插件的Openpose模块，根据一张现实人物的照片生成动漫风格、写实风格的图片各一张，看看通过调节IPAdapter的Plus模型和Light模型生成的图像效果有何不同。

4.3.2 图生图、图片放大和图片修复

上一小节介绍了对AI绘画非常重要的ControlNet插件和IP-Adapter插件，接下来将介绍相对简单的图生图部分。

先创建一个默认工作流。在空白区域双击，在弹出的搜索栏中输入"加载图像"，快速创建"加载图像"节点。

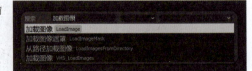

用同样的方法创建一个"VAE编码"节点，然后选择一张用于进行图生图的图片，将其和"VAE编码"节点的"图像"端点连接。

下面是整体工作流。将"VAE编码"节点的"VAE"端点和"Checkpoint加载器（简易）"节点的"VAE"端点连接，将"VAE编码"节点的"Latent"端点和"K采样器"节点的"Latent"端点连接。由于采样器会识别被加载的图片的分辨率大小，因此无须再创建一个"空Latent"节点调整分辨率大小。生成之后就可以看到类似的图片出现在界面中了。需要注意的是，单纯的图生图随机性较大，一般会配合使用ControlNet和IP-Adapter插件。

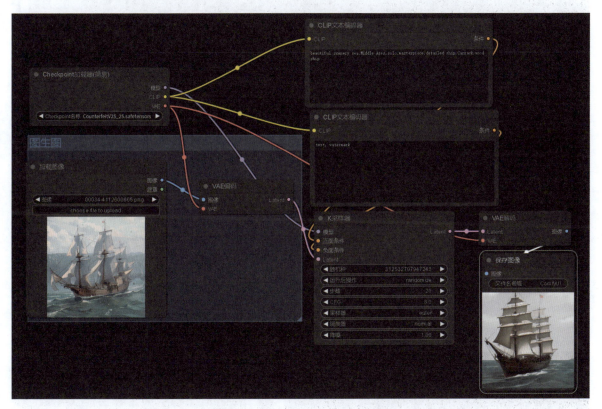

接下来就是图片放大和图片修复了。这里将两个需求放在一起是因为有时图片过于模糊，可以通过AI将图片放大来实现从低分辨率到高分辨率的转变。如果只是单纯地想把图片的分辨率提高，也可以直接放大，如从2K放大到8K等。解决这些问题的本质都是提高图片分辨率，识别各个像素之间的关系，在不破坏原图或者不创建新元素的基础上使图片更加清晰。

SUPIR是一款开源的、专业的图像放大插件。进入GitHub并搜索"SUPIR"，找到并下载SUPIR相关依赖环境和模型。需要下载的插件环境依赖模型为SDXL base 1.0_0.9vae模型。如果想以写实效果为主，那么就下载Juggernaut-XL_v9_RunDiffusionPhoto_v2模型。其实只要是综合性SDXL模型就可以，也不一定需要使用它指定的模型，除了一些针对特定风格训练的SDXL模型，常见的综合性SDXL模型都符合要求。下载后直接将文件放在Comfy UI目录的"checkpoints"文件夹里即可。这里所说的SUPIR模型，就是下面的SUPIR-v0Q和SUPIR-v0F模型。这里以SUPIR-v0Q为例，下载好之后，将文件放入"ComfyUI\models\checkpoints"路径下。

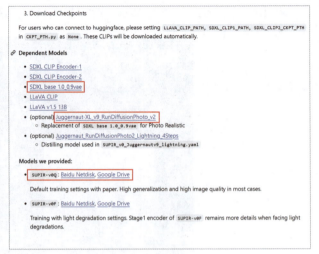

打开Comfy UI，在节点管理器里面搜索"SUPIR"，然后在显示的节点框处单击"Try update"按钮。

安装完毕后关闭Comfy UI，接着重启后清空界面，然后用快速搜索的方法寻找"SUPIR Upscale(Legacy)"并创建节点。这个节点的内容有很多，下面对常用参数进行详细介绍。首先是"supir_model"，这里选择SUPIR-v0Q模型即可；然后是"sdxl_model"，选择需要的SDXL模型即可。需要注意的是，"scale_by"是指放大倍数，默认数值是4，也就是放大4倍，如果显存容量低于10GB，那么请调低倍数，以防止Comfy UI崩溃。可以在正向提示词和反向提示词输入框中输入对图片的描述，以获得更精准的效果，当然，不填也没有问题。

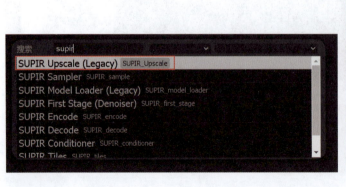

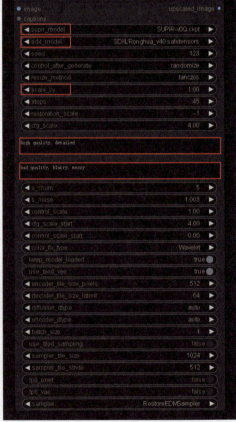

SUPIR插件的使用非常简单，但是因为第一次使用时要下载两个非常大的模型，所以可能导致Comfy UI连接超时或者报错等问题，并且内存小于12GB的显卡几乎是无法使用的。如果显卡的内存充足，那么就可以继续尝试。这里只需要创建"加载图像"和"预览图像"节点就可以正常使用了。

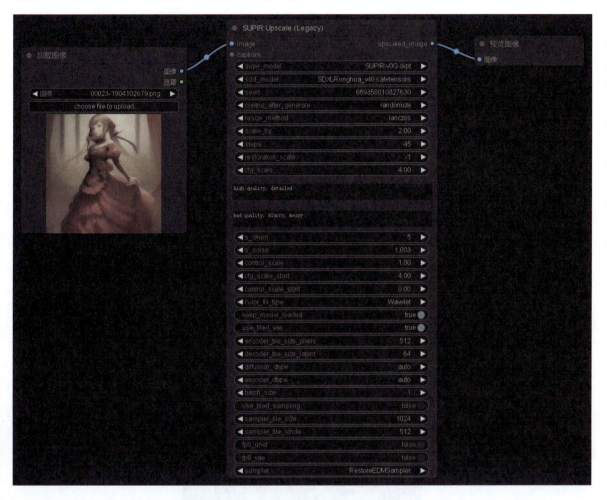

4.4 Comfy UI实操案例

本节将介绍一些Comfy UI实操案例，方便读者模仿练习，从而提升Comfy UI的使用水平。

4.4.1 制作风格化图片

前面介绍过ControlNet的用法，下面将用ControlNet和SDXL模型制作一些有趣的内容，作为Comfy UI实操的先导练习。

首先创建一套默认节点，然后将"CLIP文本编码器"和"K采样器"节点删除。双击空白区域，在弹出的搜索栏中搜索并创建"CLIP文本编码SDXL简化"和"K采样器（高级）"节点，连接方式如下图所示。这里的节点连接方式和默认连接方式没有太大区别，只是内容略有变化。

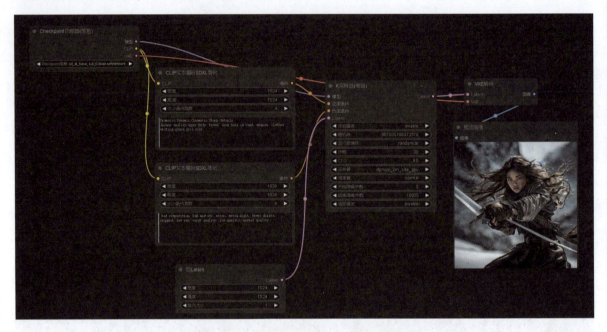

Comfy UI对显卡的要求不高，如果有高性能的独立显卡，可以在"K采样器（高级）"节点的"采样器"中选择带有gpu后缀的采样器，这样可以提高SDXL模型生成图片的速度。然后将"空Latent"的"宽度"和"高度"都调至1024或更大的数值。

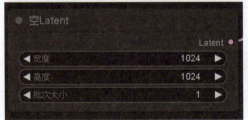

完成上述操作后，即可用SDXL模型生成风格化的内容。例如，搭配像素风LoRA模型可以制作个性化像素风图像。

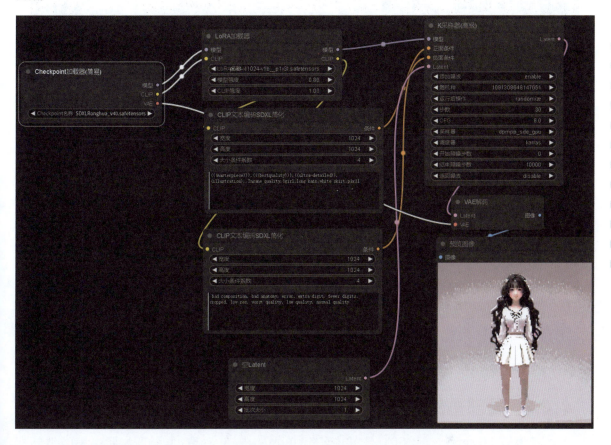

如果结合ControlNet，那么就能更加方便地设计出想要的像素风画面。这里以一张黑白线稿为例进行介绍。

在加入LoRA模型后再添加"ControlNet应用（高级）"节点和"ControlNet加载器"节点，然后创建"加载图像"节点，并连接进主体节点组。在"ControlNet加载器"节点中选择SDXL版本的ControlNet模型（注意，非SDXL版本的ControlNet模型无法正常使用，会在采样器运行时报错）运行，然后就可以看到像素化的图像效果了。

如需要下载SDXL版本的ControlNet模型，可以进入Hugging Face并搜索"Controlnet-SDXL"找到相关模型。

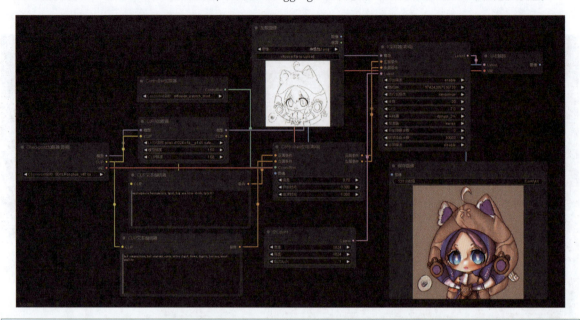

4.4.2　局部重绘

上一小节介绍了用ControlNet配合SDXL模型制作风格化图片的方法。SDXL模型生成的图片虽然效果十分优秀，但还是免不了会有很多随机性及细节的误差。下面介绍在Comfy UI中使用局部重绘功能修改图片内容的方法。

打开Comfy UI后，仍然从基础的工作流程搭建开始着手。"Checkpoint加载器（简易）"节点负责读取目录下的各类模型，并让输出的整个画面内容贴合对应加载出来的模型风格效果。在"CLIP文本编码器"节点中可以输入正向提示词和反向提示词，AI会识别其中的内容并根据提示词绘制画面。"空Latent"节点是最简单的确定图片尺寸的节点。在"K采样器"节点计算结束后，"VAE解码"节点会解析图像并输出。这样一个基础的Comfy UI绘画流程就完成了，虽然能满足一些基础的绘画需求，但是对于复杂的画面却无法更好地进行修改。例如，想把下面这个图像的黑色蝴蝶结换成项链就需要用到局部重绘功能了。

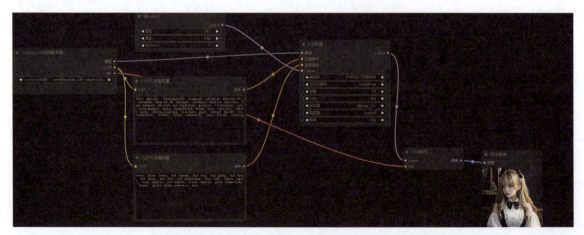

在空白处单击鼠标右键，选择"新建节点>图像>Load Image"命令，然后导入前述图片。

在空白处单击鼠标右键，选择"新建节点>Latent>内补>VAE内补编码器"命令。创建完成后连接"加载图像"节点的"图像"和"遮罩"端点，将"Checkpoint加载器（简易）"节点的"VAE"端点连接至"VAE内补编码器"节点的"VAE"端点。注意，如果你的模型没有内置VAE，需要单独创建一个"VAE加载器"节点来连接"VAE内补编码器"节点。

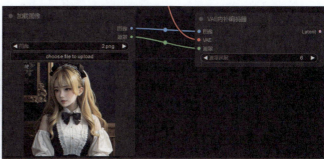

将"VAE内补编码器"节点的"Latent"端点连接到"K采样器"节点的"Latent"端点后，就会发现之前创建的"空latent"节点的端点被占用了，而"空Latent"节点最大的作用就是调节图片尺寸。因此需要创建一个能同时对接两边端点的相关Latent节点。

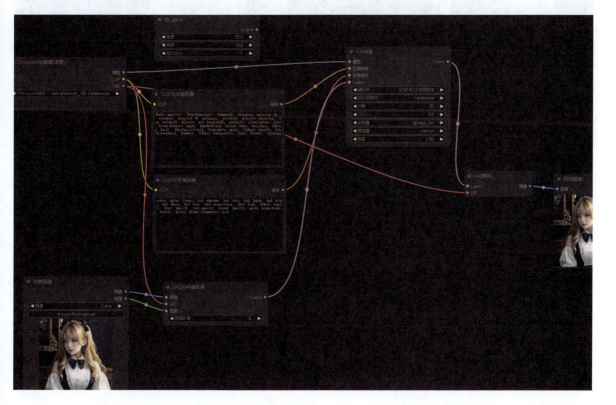

在空白处单击鼠标右键，选择"新建节点>Latent>Latent缩放"命令。创建后将"Latent缩放"节点连接在"VAE内补编码器"和"K采样器"节点的"Latent"端点之间。至此，准备工作已经全部完毕。

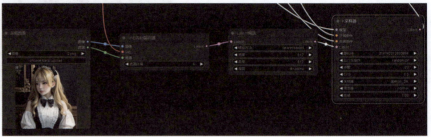

接下来在"加载图像"节点上单击鼠标右键，选择"在遮罩编辑器中打开"命令。下面是打开后的界面，可以像画画一样在图片的任意位置进行涂抹，被涂抹的地方会显示黑色。单击左下方的"清除"按钮可删除所有涂抹内容，通过调节"Thickness"滑块可以改变生成图像中线条的粗细。单击右下角的"Save to node"按钮可以保存遮罩修改，单击"取消"按钮则不保留修改。

如果想要修改人物的黑色领结，那么在领结位置进行涂抹，并画出大致的项链造型，然后单击"Save to node"按钮保存更改。可以看到被涂抹过的图片已经加载进节点了，图片的文件名称和源文件的有所不同，这是因为添加遮罩后会生成新的遮罩文件。

完成图像的遮罩后需要修改提示词，将原来的正向提示词删除，并输入新的描述项链的提示词，如"A gold and ruby necklace"。保留原来的反向提示词，稍微增加"K采样器"节点的采样步数后得到如下图像效果。

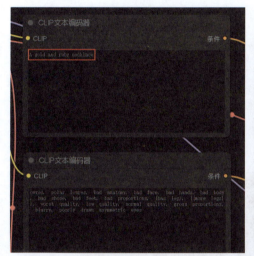
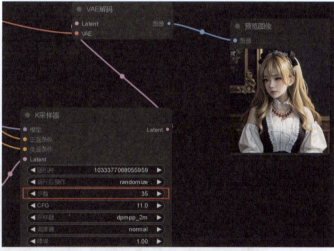

可以看到生成的图像已经达到了局部重绘的大致效果，但是脖子区域较为奇怪。这是因为原图人物的衣领没有完全被遮罩覆盖，所以AI在这部分的发挥受限。笔者用遮罩彻底覆盖原图的衣领，然后再次生成图像。可以看到这一次的重绘效果较好，在同等分辨率下，重绘区域和原图融合得更加自然。

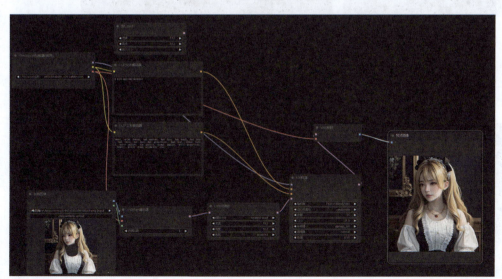

> **Tips** 注意，局部重绘效果会因各种不同工作流的影响而有较大差别，使用不同的模型也会产生不同的效果。建议在使用局部重绘功能时使用专门为局部重绘而制作的模型，这样会有更好的融合效果。

需要补充说明的是，"VAE内补编码器"节点和"VAE编码器"节点的区别在于"VAE内补编码器"节点有"遮罩"端点而"VAE编码器"节点没有。通过调节"遮罩"下的"遮罩延展"可以获得更为柔和的效果。"遮罩延展"的作用类似于Photoshop中的"羽化"功能，数值越大，遮罩边缘的羽化程度越高；数值越小，羽化程度越低。如果图像重绘效果不佳，那么可以试试增大"遮罩延展"的数值。

4.4.3 图片扩展

上一小节介绍了配合"VAE内补编码器"节点进行局部重绘的操作，下面介绍对图片进行扩展的几种不同方法。

方法一：利用"外补画板"节点对图片进行扩展。在上一小节的基础上继续操作，在空白处单击鼠标右键，选择"新建节点>图像>外补画板"命令。"外补画板"节点中有5个参数可以调节，其中代表方位的"左""上""右""下"分别对应所连接的图像要扩展的范围，"羽化"则是控制扩展范围部分和原图的融合程度的高低。

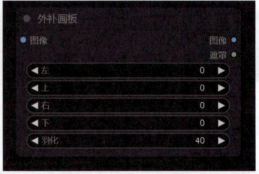

将"外补画板"节点连接进"加载图像"和"VAE内补编码器"节点之间，并将对应的端点相连接。如果想让这张512像素×512像素的图片扩展为1024像素×512像素，那么就在"外补画板"节点的"左"选项中增加256像素，在"右"选项中也增加256像素。单击"添加提示词队列"按钮后发现效果很差，生成的图像和周围的融合程度非常低且画面十分粗糙，这时可以对各个节点进行优化来获得更好的效果。

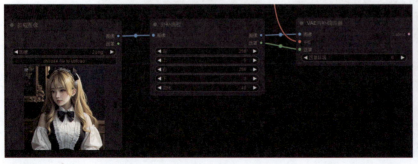

优化提示词,将正向提示词内容缩减为"a girl with yellow hair sitting in the golden room",然后保留反向提示词。

生成的图片虽然经过了"外补画板"节点的扩展,但是整体大小还是512像素×512像素,导致原图被压缩成了竖向。基于这个原因,删掉"Latent缩放"节点,直接让"外补画板"节点控制图片的大小。

接着,增加"外补画板"节点和"VAE内补编码器"节点的"羽化"和"遮罩延展"的数值,设置"羽化"为120,设置"遮罩延展"为15,然后将"K采样器"节点的"降噪"设置为0.80,最后单击"添加提示词队列"按钮。

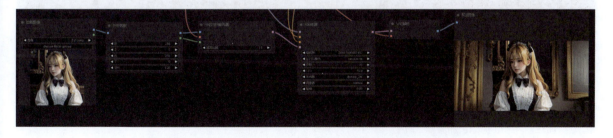

下面是扩展后的图像,可以看到除了左边的扩展效果稍显生硬,其余部分的扩展效果较好。

此外，还可以通过调节"K采样器"节点的"CFG"和"降噪"的数值来获得不同的效果，这时建议增加一些能模糊背景的提示词，如"depth of field"（景深），以获得较好的效果。下面这张图片整体效果已经十分自然，不足之处是人物左侧有多余的相框结构。这是原图自带的，较难抹除，但可以利用上一小节的遮罩功能将其挡住并进行局部重绘，再用重绘出来的图片进行扩展，具体操作这里不展开叙述。

方法二：用ControlNet流程对图片进行扩展。为了方便演示，笔者清空全部内容，然后新建一个标准的文生图工作流。

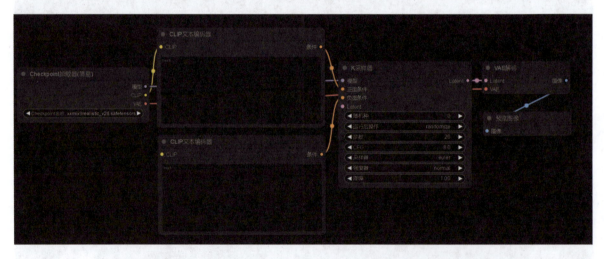

在空白处单击鼠标右键，选择"新建节点>条件>ControlNet应用"命令，然后在空白处再次单击鼠标右键并选择"新建节点>加载器>ControlNet加载器"命令。

接下来在空白处单击鼠标右键并选择"新建节点>ControlNet预处理器>其他>Inpaint内补预处理器"命令。

先用文生图方式生成一张图片，然后将其合并到主干工作流中。

正向提示词： ((masterpiece)),flat chest,best quality,solo,with white hair cold face,detailed face,high ponytail,mecha clothes,robot girl,future city。

反向提示词： lowres,bad anatomy,bad legs,bad hands,text,error,missing fingers,extra digit,fewer digits,cropped,worst quality,low quality,normal quality,jpeg,artifacts,signature,watermark,username,blurry,bad feet,artist name,bad anatomy,bad hands,bad body,bad proportions,worst quality,low quality,optical-illusion。

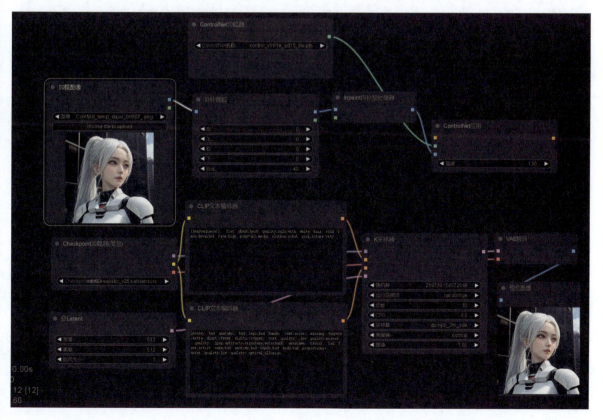

将"ControlNet加载器"节点中的模型换为局部重绘专用模型Inpaint，如果没有这个模型，那么可以在Hugging Face上搜索"Controlnet-v1-1"，然后进入对应界面下载。

下载完毕后，将其放入"ComfyUI\models\controlnet"路径下。

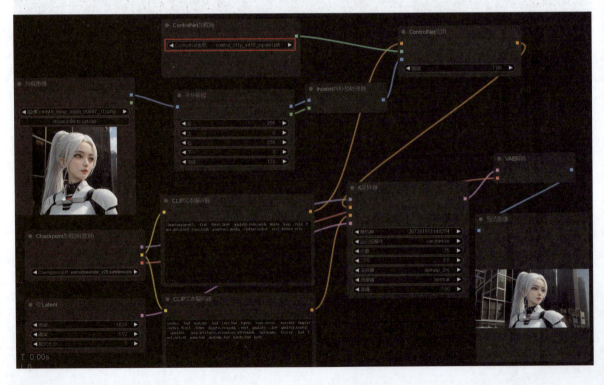

将"ControlNet加载器"节点中的模型切换为Inpaint，将正向提示词节点的端点连接至"ControlNet应用"节点左侧的端点，并将"Controlnet应用"节点右侧的端点连接至"K采样器"节点，之后调节好"空Latent"节点的图像大小和"K采样器"节点的相关参数，单击"添加提示词队列"按钮进行生成。

直接生成的图片效果存在一定的色差。如果想要更高对比度和饱和度的图片，还可以继续优化。

在空白处单击鼠标右键，选择"新建节点>Latent>内补>设置Latent噪波遮罩"命令，然后继续在空白处单击鼠标右键并选择"新建节点> Latent>VAE编码"节点。

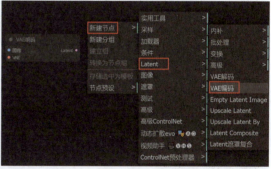

将"VAE编码"节点的"图像"端点连接至"外补画板"节点右侧的"图像"端点，将"VAE"端点连接至"Checkpoint加载器（简易）"节点右侧的"VAE"端点，将"Latent"端点连接至"设置Latent噪波遮罩"节点左侧的"Latent"端点。将"设置Latent噪波遮罩"节点左侧的"遮罩"端点连接至"外补画板"节点右侧的"遮罩"端点，最后将右侧"Latent"端点连接至"K采样器"节点左侧的"Latent"端点。

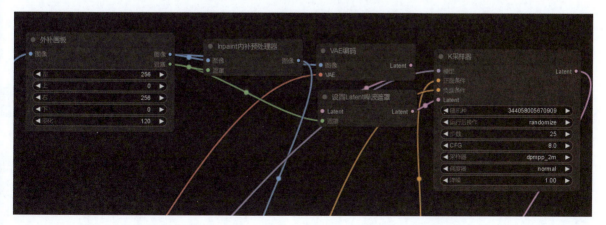

单击"添加提示词队列"按钮，得到一张色彩更加和谐的图片。

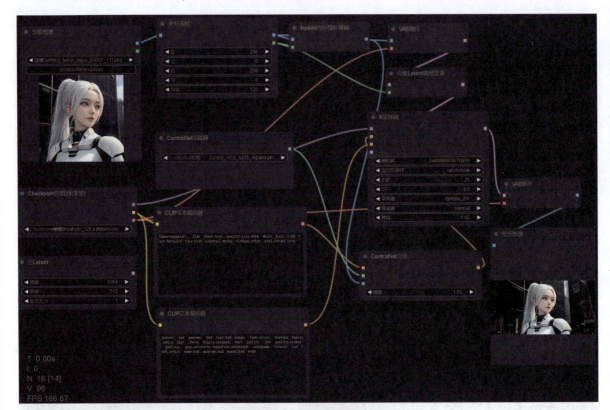

📋 小作业

　尝试用AI图片扩展功能对一张自己拍的照片进行扩展。如果想得到尽量贴合原图的效果，需要进行什么操作呢？快用Comfy UI试试吧！

4.4.4　实时重绘

　　实时重绘功能一般通过AlekPet插件实现。AlekPet插件的功能与画板类似，可以通过绘制任意内容来让AI实时优化，以获得更好的效果。

　　在管理器中搜索"alek"，单击"更新"按钮开始安装，安装完成后重启Comfy UI即可开始使用。需要注意的是，第一次安装AlekPet插件后重启时间较久。

接下来加载默认节点。然后在空白处单击鼠标右键，选择"新建节点>Alek节点>图像>绘画"命令。下面右图是"绘画"节点的操作界面。

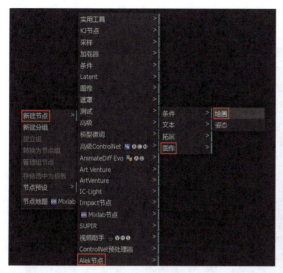 

"绘画"节点的操作界面左侧有很多按钮，和Photoshop的界面布局很像。例如"Shapes"中，"B"代表画笔，单击后可以自由绘画；"E"代表橡皮，单击后可以擦除画笔绘制的线条；"○"代表圆形，单击后可以在画板上画出圆形；"□"代表矩形，单击后可以在画板上画出矩形；"△"代表三角形，单击后可以在画板上画出三角形；"|"代表直线，单击后可以在画板上画出直线；"P"代表上传图片，单击后可以在文件夹中选择图片上传并将其移动到画板任意位置，也能调节图片大小；"T"代表文字，单击后可以在画板中编辑文字、标点符号等。

使用画板之前需要将其连接至节点中。这里需要创建一个"VAE编码"节点，然后将其和"绘画""K采样器"节点相连接，最后将"VAE编码"节点左侧的"VAE"端点和"Checkpoint加载器（简易）"节点右侧的"VAE"端点连接。

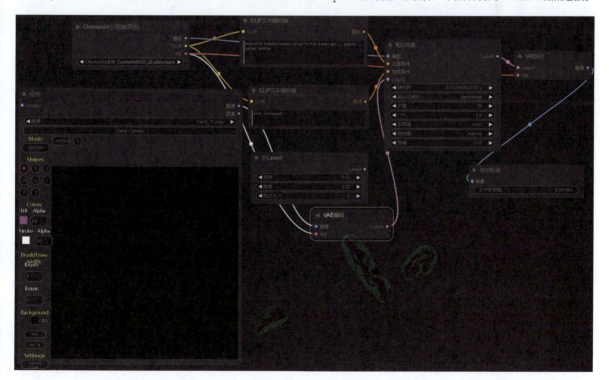

连接完成之后，需要先调整提示词，再进行绘制。例如，将正向提示词修改为"masterpiece,1girl,red eyes,white dress,upper body"。然后调整下方的"Background"的颜色，将"Stroke"的颜色改为白色，在画板上用图形简单绘制出画面，最后生成图像。可以看到生成的图像和绘制效果差别很大，基本无法直接使用。如果不想要这个图像，可以单击画板上方的"Clear Canvas"按钮清空画板。

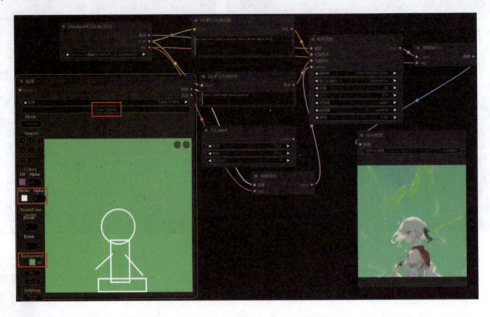

如果想要绘制具体的物体，那么最好输入详细的提示词，并配合使用合适的模型，然后画出较为接近意向物体的画面，同时调小"K采样器"节点的"降噪"的数值，一般设置为0.75～0.80即可，否则会出现较大偏差。例如，在下面这个案例中，笔者用简单的线条画了一个杯子和一个杯托，虽然画面比较简单，但是大致能看出物体的样式，同时提示词中有"cup"，然后调整"降噪"数值至0.80即可。

可以通过写实模型和画板中绘制的简单线条来获得想要的素材。

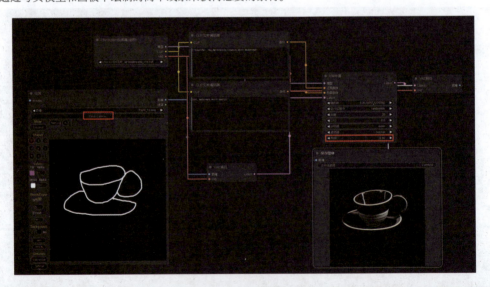

📋 **小作业**

尝试在"绘画"节点中用简单的线条来绘制家具，如沙发、床、书桌等。

第 5 章

AI 动画基础操作

本章介绍几个比较简单的AI动画生成网站，还就两个主要的本地部署AI动画创作流程进行着重介绍，并分别用 Comfy UI 和 Web UI 进行演示。

5.1 4个AI动画生成网站

为了方便计算机配置不够或者没有安装AI软件的读者体验AI动画的神奇之处，下面介绍几个比较简单的AI动画生成网站。当然，本节内容并不一定代表最新的AI动画效果，新一代AI视频平台正在逐步开放。相信未来AI动画和AI视频会以一种逼真的方式展现在世人眼前！

5.1.1 Runway Gen-2

下面介绍Runway Gen-2的使用方法。搜索"Runway Gen-2"，进入官网后，单击"Try Gen-2 in Runway"按钮，进入使用页面。

进入使用页面后，需要先登录。只有登录后才可以在"Home"页面单击"Try Gen-2"按钮进入视频生成页面。在左侧菜单栏中单击"Generate Videos"也可以进入视频生成页面。

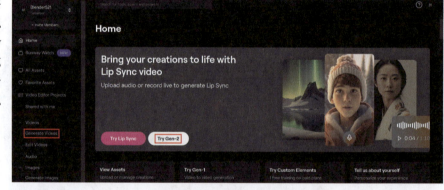

进入视频生成页面后，左侧是提示词和图片输入框，右侧是视频生成进度框。可以加载一张图片或者输入一段文字来生成视频，也可以在加载图片的同时输入文字辅助生成视频。

这里导入一张之前生成的图片做演示，提示词是"A white haired girl's hair fluttered in the wind and kept blinking"，中文意思是一位白发女孩的头发随风飘动，并不断眨眼。输入提示词后就可以单击下方的"Generate 4s"按钮开始生成视频了。

单击"Generate 4s"按钮后，可以在右侧看到当前的视频生成进度。

完成后，可以在右侧预览并下载生成的视频，操作比较简单。

📋 **小作业**

尝试在Runway Gen-2中通过输入提示词生成一段视频，看看结果与想象中的差距在哪里。

5.1.2 Pika

Pika网站整体偏科幻风格。搜索"Pika"，然后进入官网，单击"Try Pika"按钮后会要求登录，登录之后就可以进入视频制作页面了。

进入视频制作页面后，可以看到很多视频案例。将鼠标指针悬停在画面上方可以对视频进行预览，也可以单击下方的"Retry"按钮重新生成类似画面，或者单击"Reprompt"按钮来修改它的生成提示词。Pika的视频画面效果在写实性上有很强提升，缺点是视频时长相对较短。

在下方提示词输入框中输入提示词，然后单击提示词右侧的按钮，即可开始制作视频并跳转至视频生成页面。

这里用提示词生成了一段宇宙飞船在地球上方飞行的画面，生成用时很短。

如果效果不是很好，可以通过单击下方的"Retry"按钮再次生成视频。如需下载，单击视频右上角的"下载"按钮⬇即可。

5.1.3 Kaiber

本小节简单介绍Kaiber的使用方法。先搜索"Kaiber"，进入官网后单击"Start creating"按钮进行登录，即可开始视频生成之旅。

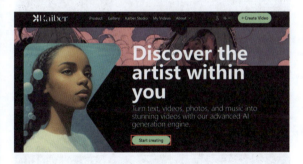

如果是第一次使用，页面右侧区域没什么内容，单击"CREATE YOUR FIRST VIDEO"按钮可进行生成视频操作。

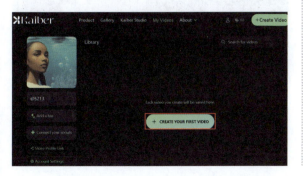

进入视频生成页面后有3种生成方式可以选择：第1种是Flipbook（关键帧动画），第2种是Motion（流动性动画），第3种是Transform（视频风格转绘）。

以Motion为例，选择后可以上传图片或者单击"Just start writing prompt"按钮直接进入文生视频页面。这里以图生视频为例进行介绍，需要注意的是只能上传20MB以内的图片。

上传图片后，页面会提示进入下一个页面编辑提示词。

进入提示词编辑页面后可以看到提示，如你想要什么视频内容及什么风格，这时在对应提示词输入框内输入即可。如果不知道输入什么提示词，那么可以在右侧一些常用风格中进行选择，选择后系统会自动填入对应提示词。视频内容提示词输入框的上方有一个类似于Photoshop中"魔棒工具"的按钮，单击它就可以让AI自动分析画面内容，如笔者上传图片后AI自动填写了头发飘动、眼睛闪光等内容。

确认提示词无误后，在视频设置中调节需要的参数，一般默认参数无须调整。然后单击右下角的"Generate Previews"按钮，就可以生成预览画面。

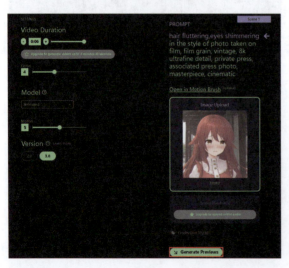

网站会生成4张预览图片，并让你选择一张喜欢的继续生成视频，选择后就可以单击右下角的"Create Video"按钮开始生成了。

最终生成的视频会在右侧显示，生成视频的进度也会在这里显示。需要注意的是，Kaiber的生成速度很慢，无须一直等待，Kaiber会在后台生成。这期间无论是关闭网页，还是退出浏览器都是没问题的，生成好的视频会在下次进入Kaiber首页时看到。

最终生成的视频效果比较普通。

5.1.4 Lensgo

Lensgo的使用方法介绍如下。通过搜索"Lensgo"进入官网，可以看到视频风格转换、图片生成、文本生成视频、模型训练和照片重绘等功能都展示在首页中。

Lensgo与其他AI动画视频网站相比功能较杂，也是需要登录后才能使用。登录后进入"Text to Video"功能模块，可以看到整体布局和线上AI绘画网站的布局很像。左侧是生成画面尺寸、生成模型风格、镜头移动方式等参数调节区域，下方是提示词输入区域，中间是画面生成区域。

用默认的写实风格模型生成一段宇航员在太空中的视频的操作如下：画幅选择"16：9"，镜头移动方式选择"zoom out"，单击"Generate"按钮生成视频。可以看出生成视频中的画面可控性不足，效果一般。

总之，目前常见的在线AI视频生成网站生成的视频效果一般，在可控性和时长方面表现较差，适合娱乐，其中Runway Gen-2和Pika网站相对优秀，未来可以保持关注。

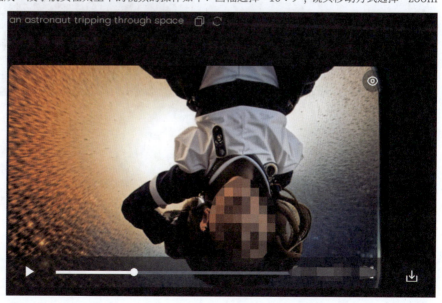

5.2 基于Stable Diffusion的本地 AI动画部署方案

本节将开启本地部署AI动画的大门，本地部署能让我们的创作不受任何限制，随心所欲地创作出想要的效果，而且能随着AI的发展应用更多先进且好用的插件，进而生成更可控的动画效果。本节主要介绍如何进行本地AI动画部署。接下来会以熟悉的Web UI为突破口，介绍EbSynth插件的AI动画创作流程。

5.2.1 EbSynth安装方法

EbSynth发布于2019年，它可以制作连续感较强的逐帧追踪过渡动画效果，类似于油画滤镜，但是在当时比较"鸡肋"，直到AI绘画出现后人们才开始重新发现它的价值。使用EbSynth可以制作出非常丰富的AI动画效果，理论上只要有原视频，就可以将其转换成任何想要AI展现的风格。

在安装EbSynth插件之前，应安装几个依赖环境和插件。先安装FFmpeg。进入FFmpeg的官网后单击"Download"按钮，进入下载页面。在"Get packages & executable files"下面单击Windows图标，"Windows EXE Files"下有两个版本，任意选择一个版本，下载并解压即可。

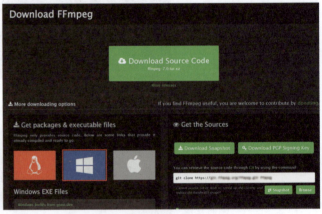

解压完毕后可以看到两个文件夹和一个文件，进入bin文件夹并复制它的路径，然后按Win+R快捷键打开"运行"对话框，输入"sysdm.cpl"调用"系统属性"对话框。

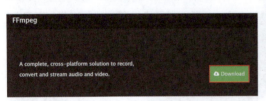

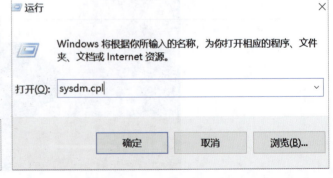

在"系统属性"对话框中打开"高级"选项卡，然后单击"环境变量"按钮，接着在"环境变量"对话框的"系统变量"中找到Path变量并选中，再单击"编辑"按钮。

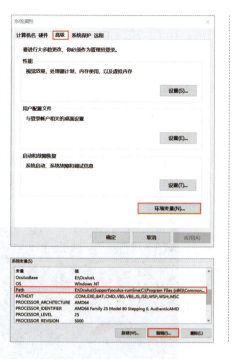

接下来，单击"新建"按钮新建一个变量，然后输入刚刚复制的bin文件夹路径，之后一直单击"确定"按钮，直至对话框都关闭。

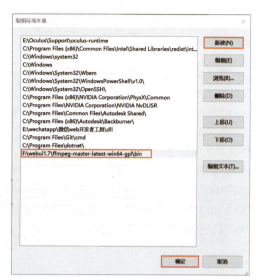

下一步是在GitHub中搜索ebsynth utility插件，然后通过网页安装。安装完成后重启Web UI，可以看到界面中多了一个"Ebsynth Utility"选项卡。注意，这里笔者的Web UI版本已经更新到1.9.3，但是整体界面和1.7.0版本没有明显区别。

再安装另一个环境插件transparent background。先确保Python可以使用，再在CMD窗口中输入"pip install transparent-background"进行插件的全自动下载和安装。插件安装完成后就可以开始使用了（如果输入后按Enter键没有反应，那么可以关闭并重启后再输入，注意需要开启网络加速）。

最后下载EbSynth软件，因为Web UI只是将视频转化成我们想要的风格，输出的内容还是一张张图片序列，所以我们需要使用EbSynth将其合成能直接观看的视频。进入EbSynth的官网直接下载，下载完成后即可进入下一小节，正式开始AI视频制作之旅。

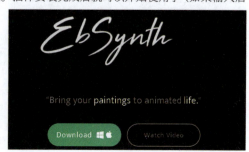

5.2.2 EbSynth插件的AI动画创作流程

提前准备一条视频，但不建议第一次使用超过30秒的视频，否则后续EbSynth插件会将其分成较多小段，处理起来比较麻烦。如果计算机显存在12GB以内，那么建议将视频宽度或高度裁剪成小于1024像素。下面以一段简单的3D动画视频转成2D风格视频为例进行讲解。

在存储空间充足的磁盘分区中建立项目文件夹，这个文件夹后续会生成很多工程文件，因此需要保证文件夹名称中没有任何中文、标点符号和空格等字符。例如，笔者把相关内容全部放到Web UI外层文件夹中，把项目文件夹命名为"AIanimate"，并在文件夹中创建子项目文件夹。创建后进入"Ebsynth Utility"选项卡，将需要制作的视频放到需要的位置，然后将视频拖进界面或者在"Original Movie Path"中手动输入视频源文件路径，在"Project directory"中输入项目文件夹路径。

进入"configuration"界面，将"transparent-background options"的数值调大一点，范围为0.05～1。这个数值是视频重绘蒙版的相关数值，调太大可能会导致识别不出主体人物。如果视频已经调过宽度或高度，那么就不用处理其他内容了。"Frame Width"和"Frame Height"用来调节视频的宽度和高度，-1代表原视频大小不变。

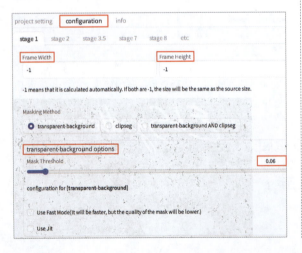

在其他参数保持默认的情况下单击"Generate"按钮，可以看到后台对当前视频进行帧抽取。抽取完毕后显示"stage 1 frame extracted mask created completed."。

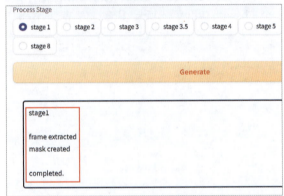

进入项目文件夹可以看到多出了两个文件夹，一个是视频的拆帧文件夹，另一个是视频的蒙版提取文件夹。如果文件夹是空的，那么需要删除这两个文件夹，然后重新安装transparent background插件。

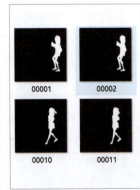

接下来是抽取关键帧进行风格确认。这里推荐用一镜到底的单条视频，不使用有过多切换镜头的素材。如果实在无法避免切换镜头，那么最好将其剪辑成多段单一镜头的素材，然后逐段制作。如果素材没有太多风格变化和镜头变化的问题，那么可以回到插件界面，单击"stage 2"进入抽帧阶段。"Minimum keyframe gap"是指最少间隔多少帧抽取一帧，如果图像动作剧烈，那么建议减小这个数值；如果图像动作相对简单，那么建议保持默认。同理，"Maximum keyframe gap"是指最多间隔多少帧抽取一帧，和最小间隔一样，动作越剧烈，这个数值可以调得越小。"Threshold of delta frame edge"是指间隔阈值，可以和其他两个参数一起调小。

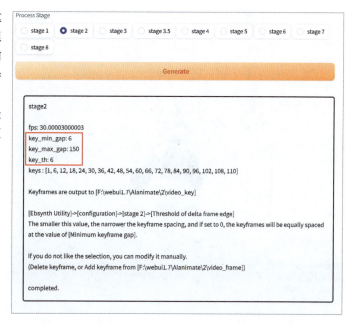

完成上述操作后单击"Generate"按钮，这一步耗时很短，几乎立刻就能完成，项目文件夹里会立刻多一个"video_key"文件夹，里面是当前抽取的关键帧，如果不满意，那么可以删除调节参数后重新抽取。这里演示的视频是个简单的动作，但是幅度很大，只有120帧，将最小间隔调至6，最大间隔调至150，阈值调为6，这样可以捕捉到更多关键帧，使动作更加流畅。

进入"stage 3"，单击"Generate"按钮后会弹出相关提示，这一步插件不能直接完成，需要手动进入"img2img"界面确定动画风格才可以。

进入"img2img"界面，然后把当前图像的关键词和想要变化效果的提示词结合到一起，当然也要看项目具体要求。这里只需要将演示视频的3D效果转为2D效果，故把人物的主要形象描述一下即可，如蓝衣服、黄眼睛、双马尾和蓝色挑染的灰白色头发等。如果希望效果更好，可以加入专门用于人物训练的LoRA模型，这里加入LoRA模型后将其权重调至0.4~0.7即可。当然，如果不需要出现特定人物，一般也用不到LoRA模型。完成提示词的输入后从"video_key"文件夹中选择一张图片拖入对应位置，然后调节生成像素，单击"Generate"按钮。如果想要更好地还原人物，可以配合使用ControlNet和IPAdapter插件。

另一个非常重要的参数是"Denoising strength"（重绘幅度）。在没有ControlNet和IPAdapter等插件的限制时，过大的重绘幅度会导致出图过于随机，所以建议读者调节在0.25~0.35，最终的生成效果如下图所示。

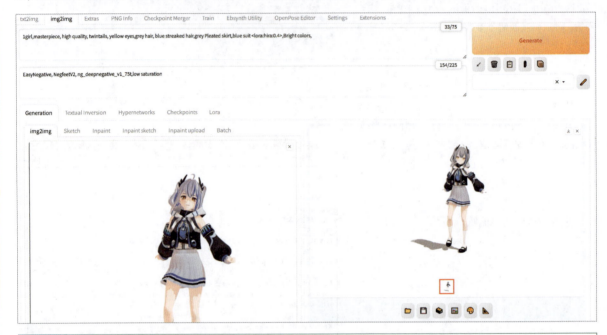

Tips 如果找不到想要的风格，可以随意更改提示词，或随意添加插件，直到生成想要的结果再进入下一步，确认之后不要忘记手动固定随机种。

在Web UI界面下方找到"Script"选项，并切换为ebsynth utility插件。在"Project directory"处输入工程文件路径，如果不输入而直接生成则会报错，会提示缺少某个文件或图片。

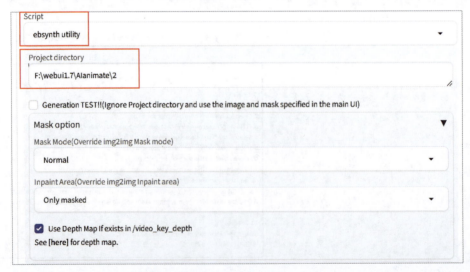

确认没有问题后单击"Generate"按钮，系统会依次对"video_key"文件夹中的所有图片进行AI重绘。

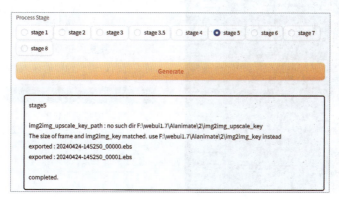

下一步是"stage 3.5"，插件会提示操作者进行颜色校正，但是重绘幅度不大。一般不用进行颜色校正，这一步可以跳过。

在"stage 4"中可以直接单击"Generate"按钮，这一步可以手动放大图片，也可以用插件放大，还可以用内置的extra模块批量放大，这里不展开叙述。

在"stage 5"中直接单击"Generate"按钮，会自动生成EbSynth可以使用的工程文件。

到这里可以看到工程文件夹里已经有很多文件了。其中.ebs文件就是EbSynth可以使用的工程文件，这里工程文件的多少取决于视频长度，视频越长工程文件越多。

打开EbSynth，选择左上角的"Open"并选择00000编号的工程文件。

打开后可以看到下图所示的界面。由于EbSynth一次只能合成90帧，所以长视频需要分多段进行合成。确认无误后单击右下角的"Run All"按钮，然后静待完成。

完成后可以看到项目文件夹中多了很多关键帧文件夹。再用同样的方法打开第2段工程文件00001并运行。

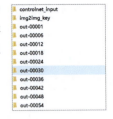

全部完成后，回到Web UI，然后在"stage 7"中单击"Generate"按钮。系统会自动把所有文件夹里的帧文件合并成视频，还会输出一个纯视频和带背景音乐的视频（如果你的原视频有音乐）。

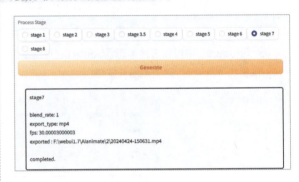

这一步完成后，可以在项目文件夹里找到MP4格式的视频文件。最后一步是在"stage 8"中进行背景替换，可以让AI将人物替换进任何你想放入的背景。这一步是可选的，如果将不闪烁的视频背景放入，能极大地提升视频观感，对减少视频闪烁情况有很大帮助。注意，这里输入的视频路径应是纯英文的，否则会报错。

完成这些步骤就能得到一个很有趣的AI动画了。要相信，如果发挥想象力再配合对应风格的模型，那么任何人都可以得到想要的艺术风格！

5.3 常见的AI动画工作流

上一节介绍了基本的AI动画制作流程。在EbSynth插件的帮助下，大家能实现将任何视频转换成喜欢的类型。接下来给大家提供一些常见的AI动画工作流，希望可以激发大家的动画制作灵感。

5.3.1 MMD+Stable Diffusion的AI动画工作流

Miku Miku Dance（简称MMD）是一款非常简单的软件。MMD的主要功能是制作3D卡通人物动画，本小节只从如何方便AI绘画的角度进行介绍。

在MMD软件中，常见的动画制作流程包括选择人物、选择场景、添加渲染环境、对光照和细节等进行调整。如果没有任何渲染，那么画面会相对单调。

如果想添加一些风格化效果，那么需要加入复杂的渲染插件，并且不断地调节各类参数。如果想要一些奇特的二次元风格的效果，那么可以用AI绘画来更快速地实现。

如果想得到一张可爱的扁平化风格图像，就可以用MMD导出一张图片，将其放入AI绘画工具后，配合LoRA模型及ADetailer插件进行图生图，生成的图像如下图所示，人物脸部的阴影已经有了很大改变。在AI绘画工具中能够轻易地实现复杂的卡通渲染、赛璐珞风格等（这里仅限于视频，在游戏行业中边缘和阴影的算法与各类阴影贴图依然很重要）。

确定好所需风格的提示词和模型，以及相关参数后，就可以用EbSynth插件进行实现了。关于MMD模型和一些动作的获取，可以在网上搜索相关教程，尤其可以去模之屋网站寻找。

> 📝 **小作业**
>
> 尝试基于喜欢的游戏或者动漫人物用MMD制作一个30秒以内的AI动画视频。

5.3.2　基于真人视频的AI动画工作流

在常见的短视频软件上，经常能看到各种各样的基于真人视频的AI动画。这些视频的制作其实非常简单，用EbSynth插件就能轻松完成。考虑到真人肖像权，这里不做具体的案例展示，但是有一些关键点需要注意。

真人视频不同于卡通人物视频，受相机影响，真人视频有很多特点。与卡通人物视频相比，真人视频的饱和度和对比度相对较低。在制作时，如果想把真人视频转换为动漫风格的视频，需要在提示词中加上提升饱和度或者对比度的描述，或者加入一些色彩方面的LoRA模型，让画面色彩更艳丽。

在制作过程中，最好开启ADetailer插件。这个插件能相对有效地优化人物脸部和手部细节，这对制作连续的AI视频来说非常有用。

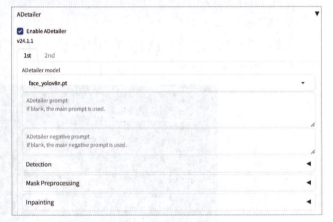

使用X/Y/Z plot对比不同模型及不同参数对画面的影响，通过多次对比来选择最合适的画面，这样能有效减少重复修改的工作量。

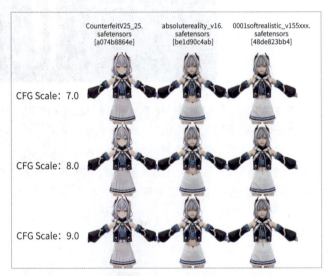

5.3.3　基于DCC软件的AI动画工作流

前两小节的内容主要以基础视频为主，这一小节主要介绍模型在Digital Content Creation（简称DCC）软件中的工作流。不同于前两小节，在DCC软件中可以制作专业的3D动画，其优势之一就是有更好的物理表现。例如，想生成一个在太空中的宇航员动画，通过拍摄视频的方法显然是很难达成的。即使可以通过模仿动作来达成，但若服装复杂、细节较多，且有很多飘带，也很难实现。这时，通过DCC软件自带的物理动画或者手K动画便能很好实现。

在3ds Max或者Autodesk Maya中可以很方便地实现动画制作及物理模拟。开源软件Blender中也有很多有趣的物理模拟方式，配合一些人物制作软件（如DAZ Productions公司推出的DAZ 3D软件）能实现非常丰富的效果。例如，这里用DAZ 3D创建人物后进入Blender制作带有物理效果的动画。

将DAZ 3D导出的模型导入Blender，可以通过任意操控模型的基础骨骼制作自己想要的动画，如下图所示。但是这里存在一些问题，由于DAZ 3D导出的是高模文件，面数较多，因此对计算机性能有较高要求。当然，直接在DAZ 3D软件内制作简单动画是没有问题的。

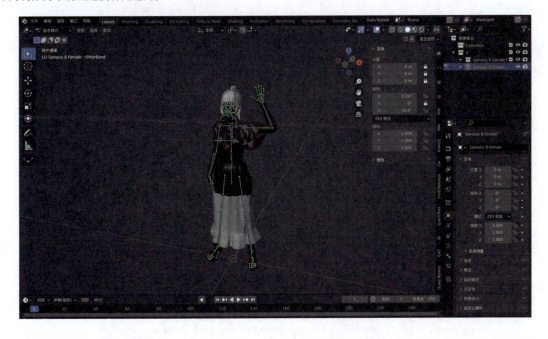

如果是一些复杂的物理动画，那么可以进入Unreal Engine 5进行动作的演示与制作。在这些3D软件内无须进行复杂的服装贴图或者节点的搭建，只需要做好最基础的物理动画，让软件去解算服装布料等物理效果即可。导出一个包含物理动画的视频文件，再进入AI绘画软件，让AI给人物上色、上贴图。

5.4 AnimateDiff插件的AI动画创作流程

本节将以Comfy UI为主进行AnimateDiff插件的介绍。其实AnimateDiff插件可以同时用于Web UI和Comfy UI，尤其是在Comfy UI中性能将获得较大提升，对一些计算机配置不高又想尝试AI动画的读者来说非常有用。

5.4.1 AnimateDiff插件安装与配置

AnimateDiff是香港中文大学团队、斯坦福大学及上海人工智能实验室共同开发的开源插件，其特点在于无须特定调整即可将个性化文本转换为图像。简单来说，可以通过文字直接生成动画，而不需要先有视频再转换成动画。它的出现使Runway Gen-2这样的"闭源"产品遇到了强劲的竞争对手，它甚至还能在一定程度上替代Sora。

下面以Comfy UI的AnimateDiff插件为主进行介绍。由于之前已经安装好了Comfy UI和一些常用插件，这里只需进入GitHub搜索"AnimateDiff"，可以往下翻找查看出图效果。之后可以继续在GitHub中搜索"ComfyUI-AnimateDiff-Evolved"，这是适合Comfy UI的版本。当然，也可以直接在Comfy UI的管理器中安装。

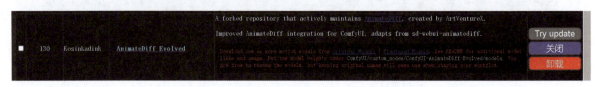

往下滑动鼠标滚轮，可以看到"Model Setup:"。在这里下载AnimateDiff依赖的模型，只需要从其中选择一个模型下载即可。这里以AnimateDiff Motion Modules v1.5 v2模型为例进行介绍，单击进行下载。

Model Setup:

1. Download motion modules. You will need at least 1. Different modules produce different results.
   - Original models `mm_sd_v14` , `mm_sd_v15` , `mm_sd_v15_v2` , `v3_sd15_mm` : HuggingFace | Google Drive | CivitAI
   - Stabilized finetunes of mm_sd_v14, `mm-Stabilized_mid` and `mm-Stabilized_high` , by **manshoety**: HuggingFace
   - Finetunes of mm_sd_v15_v2, `mm-p_0.5.pth` and `mm-p_0.75.pth` , by **manshoety**: HuggingFace
   - Higher resolution finetune, `temporaldiff-v1-animatediff` by **CiaraRowles**: HuggingFace
   - FP16/safetensor versions of vanilla motion models, hosted by **continue-revolution** (takes up less storage space, but uses up the same amount of VRAM as ComfyUI loads models in fp16 by default): HuffingFace
2. Place models in one of these locations (you can rename models if you wish):
   - `ComfyUI/custom_nodes/ComfyUI-AnimateDiff-Evolved/models`
   - `ComfyUI/models/animatediff_models`
3. Optionally, you can use Motion LoRAs to influence movement of v2-based motion models like mm_sd_v15_v2.
   - Google Drive | HuggingFace | CivitAI
   - Place Motion LoRAs in one of these locations (you can rename Motion LoRAs if you wish):
     - `ComfyUI/custom_nodes/ComfyUI-AnimateDiff-Evolved/motion_lora`
     - `ComfyUI/models/animatediff_motion_lora`
4. Get creative! If it works for normal image generation, it (probably) will work for AnimateDiff generations. Latent upscales? Go for it. ControlNets, one or more stacked? You betcha. Masking the conditioning of ControlNets to only affect part of the animation? Sure. Try stuff and you will be surprised by what you can do. Samples with workflows are included below.

NOTE: you can also use custom locations for models/motion loras by making use of the ComfyUI `extra_model_paths.yaml` file. The id for motion model folder is `animatediff_models` and the id for motion lora folder is `animatediff_motion_lora` .

　　将下载好的模型放入"ComfyUI\custom_nodes\ComfyUI-AnimateDiff-Evolved\models"路径下。如果想要获得视频表情方面效果的提升，可以进入Hugging Face下载对应的LoRA模型。

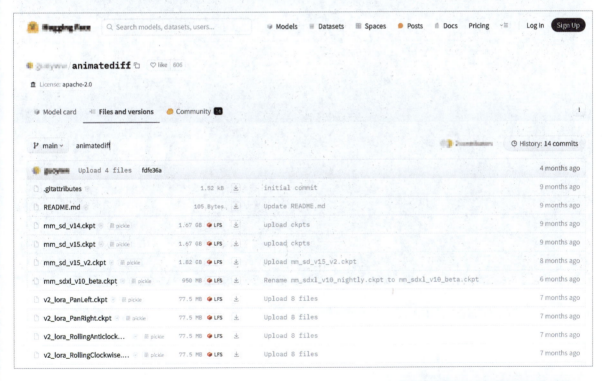

　　在开始介绍之前，建议读者先在Comfy UI的菜单栏中将节点连线改为"直角线"或者"直线"，否则当节点过多时容易看错。当设置完成后，默认的节点就呈现出非常整洁、美观的效果了。

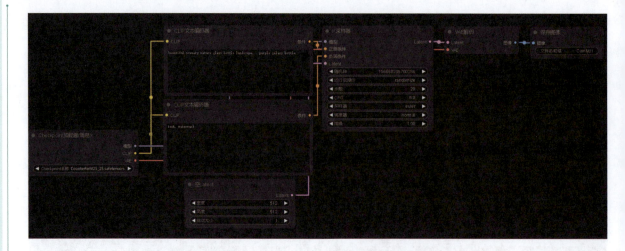

　　创建好基础的工作流后，通过搜索的方式创建一个"动态扩散加载器v1"节点，选择对应模型后将它的左端和右端"模型"端点分别连接至"Checkpoint加载器（简易）"节点和"K采样器"节点的"模型"端点。接下来创建一个"合并为视频"节点，将其左端"图像"端点连接至"VAE解码"节点的"图像"端点。将"空Latent"节点的"批次大小"设置为16，"合并为视频"节点的"帧率"默认是8，会得到一个2秒的视频。最后单击"添加提示词队列"按钮进行生成，获得由AI根据提示词生成的动画视频。

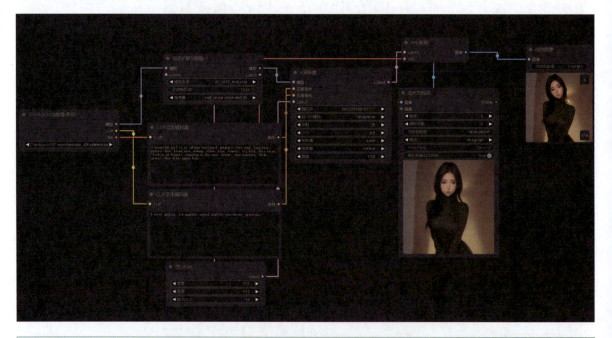

📝 **小作业**

尝试搭配LoRA模型制作一个自己喜欢的动漫人物的2秒视频。

5.4.2 使用AnimateDiff流程的优点

　　使用AnimateDiff流程的优点是显而易见的。AnimateDiff能做到完全由文本生成视频，这一点是EbSynth所不具备的，这是真正意义上的AI动画生成。AnimateDiff还能通过图片生成视频，如输入一张图片，AnimateDiff可以将其内容转换成动态的。

本小节介绍AnimateDiff时用的是Comfy UI而不是Web UI，这是因为虽然两者都可以使用这个插件制作动画，但是Comfy UI运行的效率是远高于Web UI的。同样是8GB的显卡，在Web UI中运行AnimateDiff的文生图最高只能使用512像素×768像素的分辨率，而在Comfy UI中可以达到1024像素×1024像素的分辨率。这里不是说最高只能这么多，而是超过这个分辨率后很可能出现报错等问题。

　　因此Comfy UI整体上对显存的要求更低，非常适合读者进行AI动画制作，即使没有专业的大内存显卡也能轻松玩转。值得一提的是，Comfy UI有着非常方便的工作流配置功能，支持一键导入他人制作好的工作流。如果没有太多时间去研究一些细节问题，这时就可以直接加载已有的工作流并进行细节优化。这里以GitHub项目的官方示例为例，只需将工作流图片拖入自己的Comfy UI界面就能实现工作流的复制，这对新手研究节点功能是非常友好的。

5.4.3　利用AnimateDiff制作固定人物动画的全流程

　　本小节以原创角色溪冉hira为主题，介绍制作一段简单的人物表情动画的全流程。首先需要安装一个Fizz节点，直接在管理器中搜索"fizz"并安装即可。利用这个节点的提示词旅行功能可以很方便地制作时间旅行动画。

将前面自制的角色LoRA模型放到Comfy UI的"LoRA"文件夹。先创建一个基础工作流，然后输入所需的人物提示词，接着创建一个"LoRA加载器"节点，使其连接在"Checkpoint加载器（简易）"节点和正向提示词之间。确认生成效果，效果满意后就可以进入下一步了。

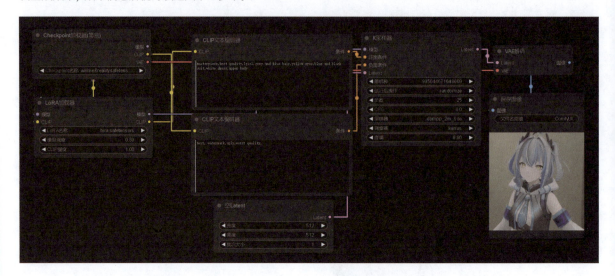

接下来创建一个"动态扩散加载器v1"节点，然后将其连接在"Checkpoint加载器（简易）"节点和"LoRA加载器"节点之间，同时将它左端的"Latent"端点与"空Latent"节点相连，右侧连接"K采样器"节点，再创建"合并为视频"节点并连接"VAE解码"节点。有时候生成的视频与加了LoRA模型之后的效果不符合，很可能就是连接时没有放对节点的顺序。这里的提示词很简单，在描述人物形象的提示词之后加了"upper body"（上半身）和"walking"（走路）。这样生成图像后可以看到人物在走路，同时AI给其增添了抬手和低头的动作。

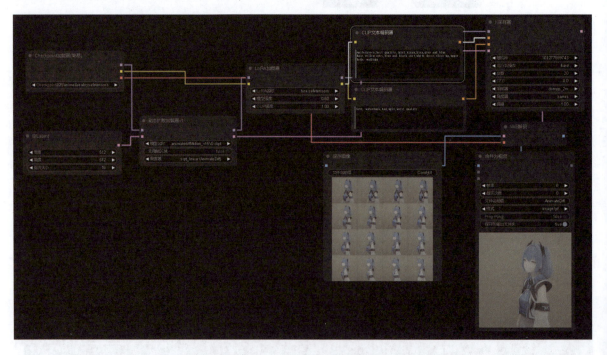

有时用模型生成动漫角色可能会有一些小问题，可以通过添加"CLIP设置停止层"节点来降低出现问题的概率。它的使用非常简单，只需要将其连接在模型加载器的CLIP文本之间，然后设置"停止在CLIP层"的数值为－1或者－2即可（一般下载模型时会提示推荐跳过层数，动漫常用数值为－2）。如果想要人物效果更好，也可以使用

animatediffMotion_v15V2.ckpt模型。

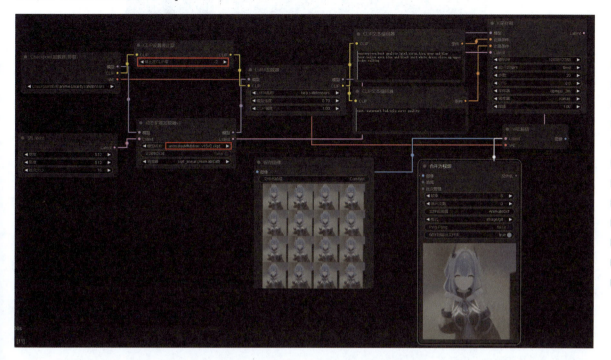

　　下一步，添加时间旅行的关键节点，即"提示词调度（批次）"节点，使用时将其当作正向提示词。在简单的动画制作中，"CLIP"端点连接至"LoRA加载器"节点右侧的"CLIP"端点，"POS"端点连接至"K采样器"节点的"正面条件"端点。

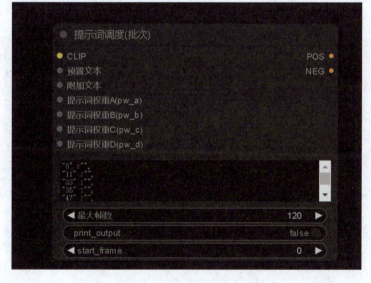

　　可以通过更改里面的数字来决定第几帧出现什么动作，数字后面的双引号中是当前帧数内要出现的内容。例如，这个例子分别在第0帧、第11帧、第23帧和第32帧出现不同的动作，但是因为用这个节点代替了正向提示词，所以需要在引号内补充对人物的描述，否则极有可能出现崩坏的画面。人物描述后面是对当前帧数中动作的描述，如果觉得动作不是很明显，可以给对应的提示词加上英文括号以提升权重。节点中的"最大帧数"是指视频的总时长，这里一般和"空Latent"节点的批次大小一样。在这个例子中"最大帧数"是16，但是提示词内容却到了第32帧，这时候AI只会运行到第16帧，因此16帧之后的内容是完全没有的。"start_frame"就是指从第几帧开始，如果第0帧有动作，那么就从第0帧开始。

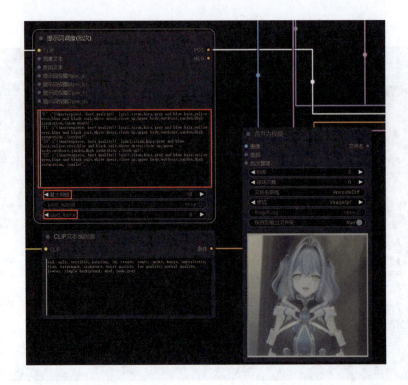

下面是整体的节点工作流。

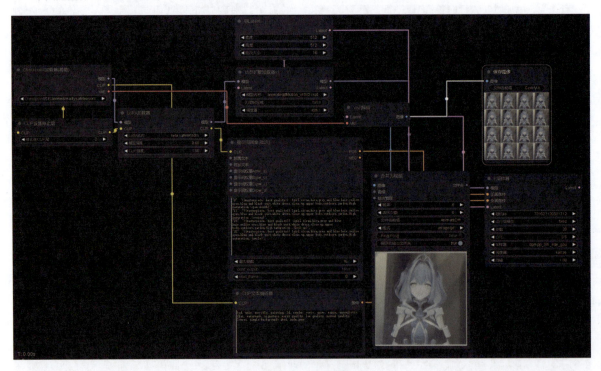

　　如果要实现一些类似长时间的人物舞蹈动作转换这样的动画，那么仅添加一个LoRA模型可能效果有限，还需要ControlNet这类控制插件配合，才能获得更好的效果。

📋 **小作业**

尝试将ControlNet应用到AnimateDiff的动画流程中，看看怎样能实现类似EbSynth插件的动画转换效果。

5.5 Deforum插件的AI动画创作流程

大家对Deforum这个插件可能比较陌生，但是大家一定看到过很多用AI制作的一瞬间不断变换和穿越不同场景的视频，这些很有可能是通过Deforum插件制作的。

5.5.1 Deforum插件安装与配置

Deforum插件在2023年夏季推出，已被很多艺术家使用，其在生成概念艺术方面很具优势，但是画面相对抽象，且可控性较差。AnimateDiff插件是2023年底出现的，不仅支持ControlNet，而且生成效果要稳定很多。因此Deforum插件在大众群体中的认知度没有AnimateDiff和EbSynth那么高，但随着更新迭代，它在生成穿越动画方面已经非常完善且高效了。

下面基于Web UI进行介绍，因为Deforum插件需要调节的参数非常多，基于Web UI进行介绍会更清晰。对于Deforum的安装，在安装插件的"Available"面板中选择从A到Z排序，找到Deforum，然后直接安装即可。应用并重启Web UI后，可以看到新增了一个"Deforum"选项卡。

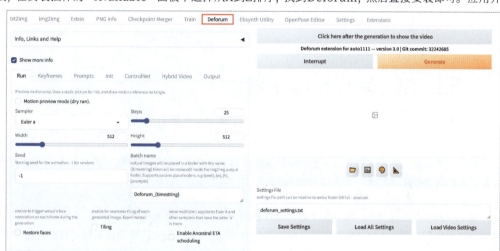

选项卡的左侧是参数设置栏，包含插件运行子选项卡"Run"、关键帧子选项卡"Keyframes"、提示词子选项卡"Prompts"、重绘子选项卡"Init"、ControlNet控制器子选项卡"ControlNet"、视频混合子选项卡"Hybrid Video"和输出子选项卡"Output"。可通过调整参数来决定使用什么样的采样方法（Sampler）、每张图片采样步数（Steps）、分辨率（Width、Height）、提示词形式（Batch name）等。

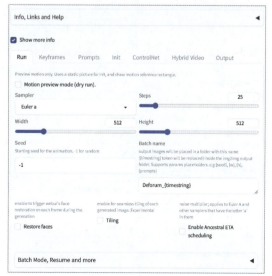

选项卡的右侧是视频生成选项和配置加载选项。在这里可以看到每一帧画面的生成，同时在生成完毕后可以单击最上方的按钮让这些序列帧作为视频进行展示。如果对当前的参数满意，那么可以单击下方的"Save Settings"按钮保存设置，以便下次复用。

5.5.2 制作瞬息穿越视频

本小节以一个简单的例子介绍如何用Deforum制作瞬息穿越视频。为了尽量使读者一看就能学会，这里依然是对常用的参数进行着重介绍。

确定一个主题。如果主题是"一个地球的原始文明通过进化掌控了太空航行的技术并开始朝着机械化飞升，最终实现了星际间的超光速航行"，那么提示词也将以这些内容为主。

进入"Run"子选项卡，调节需要的采样步数和分辨率，这里以512像素×512像素为例。所使用的模型和左上角Web UI当前的模型是一致的，也可以切换到喜欢的模型进行接下来的绘画流程。

进入"Prompts"子选项卡，可以看到子选项卡中有一些默认基础提示词。有没有觉得很眼熟？没错，这里和Comfy UI中AnimateDiff中的"提示词调度（批次）"节点很像，都是通过指定关键帧和当前关键帧的画面来进行动画过渡的。

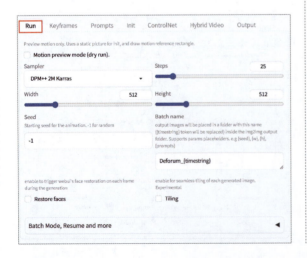

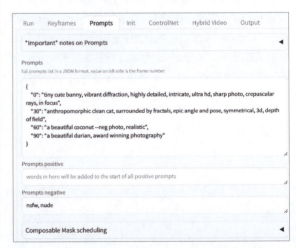

将默认关键帧里面所有双引号内的提示词删除,但不要删除标点符号。这些标点符号都是脚本预设好的,如果缺了某些标点符号,脚本就会出错。当然也可以直接用写好的内容替换双引号里面的内容,输入基本提示词后可以修改下面的正向提示词和反向提示词。这两组提示词会在所有提示词生效之前优先生效,是提升图像质量必不可少的部分。

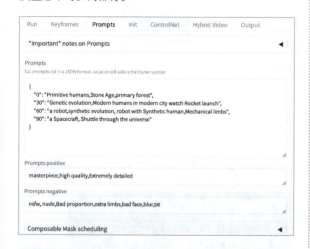

> **Tips** 这里简单举例介绍一下提示词中数值的意义,如"0"和"30"分别是指第0帧出现的事物,第30帧结束进入下一个部分的生成。可以类比为分镜,从一个分镜到另一个分镜。

接下来进入"Keyframes"子选项卡,这里有非常多的参数可以调节。"Cadence"(生成间隔)的数值决定了间隔多少帧生成一张图片,间隔越大生成速度越快,间隔越小生成速度越慢,数值建议范围为2~3,过大的数值会导致画面运动节奏很慢,过小的数值会导致闪烁较为严重。"Max frames"(最大帧数)则是表示当前视频有多长,帧数越多,视频越长。

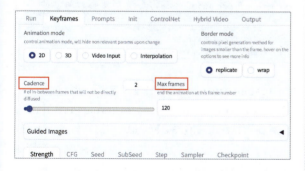

此外,还需要注意"Output"子选项卡中"FPS"的数值。"FPS"用于设定每秒有多少帧,默认数值是15,也就是每秒15帧,120帧也就对应8秒。如果想调节视频时长,那么要注意同步调整"Max frames""FPS"这两个参数。

"Strength"(强度)的数值可以理解为图像穿越的速度。数值越小,穿越速度越快,看起来越不稳定;数值越大,穿越速度越慢,看起来越稳定。一般认为取值为1~5相对较快,5~8相对稳定,8~10相对缓慢,保持默认即可。当然这里的文本规律和提示词是一样的,"0:(0.65)"代表在第0帧穿越速度是0.65。如果想要调节其他帧的穿越速度,那么可以用英文逗号做分隔,用相同的格式续写。

在"Checkpoint"中可以以相同的方式更换不同帧数的模型,如前30帧是动漫风格,后30帧突然变成写实风格,这非常适用于艺术广告创作。"Enable checkpoint scheduling"默认是关闭的,需要单独勾选开启功能才可以使用。

接下来介绍Deforum的核心部分——Motion模块。在Motion模块中,可以通过调节参数坐标的方式来控制视频运镜。例如,在"Zoom"中,设置大于1的数值可放大画面,设置小于1的数值可缩小画面。默认的参数是一个运动函数,相对比较复杂,但是也很好理解,就是在放大的过程中加入函数修正放大速度,使画面经历由慢到快,再由快到慢的放大。如果不想那么复杂,那么可以直接填入大于1的数值或者小于1的数值,由于数值是以乘方的形式叠加,因此不宜太大。在本案例中以1.021为例,持续放大画面来实现穿越效果。

之后是调整画面的旋转角度，即调整"Angle"，正值是逆时针旋转，负值是顺时针旋转。下面的"Transform Center X"和"Transform Center Y"是调节画面旋转中心的，默认(0.5,0.5)是画面的正中心。"Translation X"和"Translation Y"用于调节画面的平移。"Translation X"的数值小于0时画面向左平移，大于0时向右平移。"Translation Y"的数值小于0时向下平移，大于0时向上平移。这些比较好理解，可以类比直角坐标系。

目前的这些参数都是基于2D画面的，当然也可以通过切换动画模式进入3D模式。选择上方"Animation mode"中的选项即可切换，但第一次使用3D模式时需要下载一个较大的模型，保持网络畅通并等待即可。

常用的基础参数介绍完毕，接下来单击"Generate"按钮生成看看效果。

生成完毕后，单击最上方的"Click here after the generation to show the video"按钮，就可以看到想要的视频了。

📋 **小作业**

尝试利用Deforum插件生成有关一个人的一生的视频，写实风格或动漫风格均可。另外，尝试在中间插入另一个风格的模型，让视频同时拥有两段不同风格的画面。

第6章

基于 AI 动画的概念
艺术电影制作案例

本章介绍如何使用前面介绍的AI绘画工具及传统的动画制作工具制作AI动画的概念艺术电影。

6.1 电影大纲整理

在开始创作概念艺术电影之前，需要明确内容，包括电影主题、时长、使用工具和艺术效果等。

6.1.1 前期准备

在拍摄任何电影之前都有一项重要的准备工作，即剧本的编写。当然，在这里我们无须花费大量精力去制作史诗般的剧本，只要尽情发挥想象力制作一份自己喜欢的电影大纲即可，但最好兼顾AI生成的限制，尽可能在技术能实现的范围内。

如果想做一个关于著名科幻小说《海底两万里》的短时艺术概念片，那么确定好影片要展现哪些片段的故事内容即可。除此之外，因为AI视频的特殊性，还需要考虑是完全由AI工具制作，还是一部分使用AI工具，另一部分使用动画软件制作或者通过真实场景合成。笔者简单列出了电影大纲，下图展示其中一部分。当然，也可以使用专业的工具Final Draft进行制作，以提升效率。在大纲中对每一个分镜场景进行大致规划，可以方便后续制作时更好地厘清思路，减少重复工作。

《海底两万里》AI 短片制作大纲						
桥段：海底探险打猎			制作意图：领略 AI 眼中的海底世界		总时长：30 秒	
镜头号	景别	时长	镜头运用	画面内容	音乐或音效	完成方法
1	近景	2 秒	移镜头	第一次穿潜水服下潜出仓	压缩空气、舱门开启、呼吸声	Deforum、AnimateDiff、After Effects
2	全景	2 秒	推镜头	出仓后以第一视角看绚丽海底	史诗感背景音乐、水流声、鲸叫声、鱼群巡游声	AnimateDiff、After Effects

......

直接用AI工具生成一个30秒的短片或许没什么问题，但是想让其在保持艺术性的同时又具备观赏价值却非常困难。因此，这里将30秒的短片分解成多个场景制作后再合成。这样做的好处是每个场景都可以通过细致微调和人工修改来获得最佳效果，当然缺点就是耗时较长。虽然AI工具生成了大部分视频内容，但是要让前后连贯，还需要做很多辅助工作。

在制作工具的选择上，应依据情况确定。本例依据情况可能会用Koyha_ss训练专用的LoRA来保证人物主题的稳定性，用Web UI和Comfy UI来进行主要生成，用After Effects/Adobe Premiere Pro/达芬奇进行视频剪辑。当然还可能涉及一些特定的三维内容，如人物动作可能会用到Blender配合Mixamo进行制作，或者用Cascadeur模拟特定的复杂动作。如果你熟悉传统动画软件（如3ds Max或者Maya），那么也能大大提升人物动画的制作效率。如果想实现一些复杂的物理效果，那么可以用Unreal Engine 5.4中的动画功能。总之，工具只是实现视频效果的方式之一，它决定了AI短片的效果下限，但是制作者的灵感和审美决定了AI短片的上限。

6.1.2 脚本撰写

在正式制作之前，需要先确定制作的短片的定位。用AI制作的短片的定位一定要足够清晰，只有这样才能以最高的效率进行制作。《海底两万里》AI短片的定位是视觉短片，是模仿电影的形式制作的特色AI短片。

在脚本的撰写过程中，需要对前面的大纲进行细致的优化。例如，对每个分镜、每段镜头的把握，对画面风格的细化和剧情的前后衔接。这需要在大纲的基础上进行细化，同时结合所表达的情感和主旨对脚本进行内容填充。例如，制作《海底两万里》AI短片时，如果想表现出海底世界的震撼感，需要搭配和场景相配的背景音乐；如果想展现人物出仓后看到海底世界的震撼感，可以搭配富有厚重感的背景音乐；如果想让画面丰富且真实，需要充分发挥AI在创造力层面的超强能力，最好搭配描绘海底世界的LoRA及一些对海底动物进行描绘的LoRA。只有兼顾海底场景和海底生物细节，才能较好地提升观者的剧情代入感。如何提升观者的代入感，给予观者情感价值也是一门学问，这也是在撰写脚本时需要着重注意的。

6.2 从构想到制作

在视频制作过程中，必然会遇到很多问题，但是限于篇幅无法完全呈现流程，本节着重展示从构想到制作的过程。首先是根据脚本确定镜头画面，这里以大纲中海底探险打猎的桥段进行展示。

在确定好画面之后，可以用手绘的方式或者用三维软件简单搭建一些场景草图。相比之下，用三维软件搭建会更快。下面在Blender中用简单的几何图形搭建基础场景，用简单的细分平面来制作海底，方便后面对位置和镜头进行限定。将摄像机分辨率改为1080像素×1080像素，同时在摄像机视图显示选项中展开"构图辅助线"，在其中勾选"九宫分割""比率""三角形A"选项。

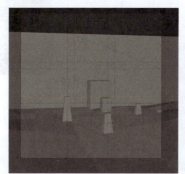

接下来是构建模型，可以找一些网络上的资源或者自己构建一个简易模型，还可以使用AI工具来生成模型。这里进入Luma AI，然后用简单的提示词生成3D素材，如生成蒸汽朋克风格潜艇和科幻战舰等。

以"gltf"格式下载，然后进入Blender，将其融为一体，创造一个独特且不单调的3D素材，之后的图像细节完全可以由AI工具来把控。

简单搭建完后用AI工具（如ControlNet的Depth模型）生成一张图片以检验效果。如果识别物体的效果不好，很可能是由于物体离摄像机太近。解决方法是把摄像机拉远些。这样一来，摄像机可以获得完整的潜艇轮廓信息，能方便AI工具识别。但是人物太小也很容易被识别成物体，可以把人物沿着均衡线平行拉近些，以此获得更全面的效果。

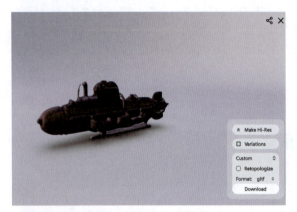

将叠搭的模型放入场景中最大的立方体处，并将立方体隐藏。用同样的方法生成一些海底景观，如礁石、珊瑚等。

确认好大致的提示词、模型参数等之后就可进入Web UI的Deforum插件中。基础工作完成后，一般先生成2～4秒的视频以预览效果。注意，如果开启ControlNet，需要载入图片，可以在"ControlNet Input Video/ Image Path"中复制路径，然后在路径后面补全图片的名称，否则不能识别。

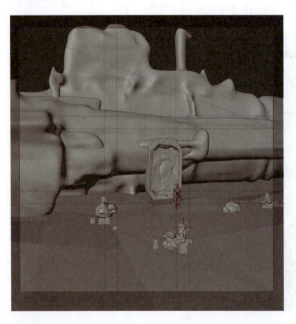

也可以用视频制作，流程如下。

先用Blender导出一段视频。下载的Mixamo是带有行走动画的，可以在场景中加一些其他动画，如将潜水艇往上移动或者放入几条鱼"穿越"屏幕，做好简单的小动画后就可以导出了。由于成片主要由AI工具完成，因此无须进行复杂的贴图和渲染，直接用白模快速输出AVI文件并导出即可。如果想更好地区别物体，可以给不同的物体使用不同的颜色，但尽量不要用黑色和白色，以避免在深度图中系统识别出错。

虽然用Deforum插件制作带有穿越感的视频变化效果很好，但是想让它稳定地出现某个人物就比较困难了，这时可以使用AnimateDiff来制作。在这里使用AnimateLCM工作流程来制作，AnimateLCM工作流程出图的速度快，同时安装也非常简单。安装流程是，在GitHub中搜索"ComfyUI-AnimateLCM"，然后往下滑动到对应界面下载两个模型，并放入对应路径。

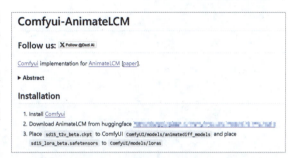

接下来滑到项目末端，可以看到需要的一些支持插件，直接在节点管理器中安装这些插件即可。

在Comfy UI中创建一个默认工作流，然后创建一套适合AnimateLCM工作流程的新节点组。这里创建了"应用动态模型""使用高级采样""上下文设置（标准统一）""Load AnimateDiff+CameraCtrl Model"（加载AnimateDiff和相机控制模型）节点。

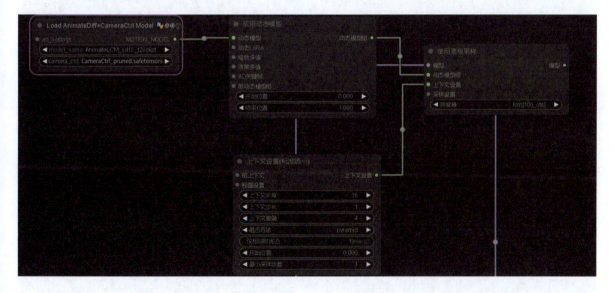

"Load AnimateDiff+CameraCtrl Model"节点是一个可选项，它的作用类似于Runway Gen-2的效果，建议加上。在GitHub上搜索"ComfyUI-AnimateDiff-Evolved"项目，然后找到对应地址下载。需要注意的是，这个版本只能使用Stable Diffusion 1.5的模型。

创建"LoRA加载器"和"合并为视频"节点，然后将其连接在工作流中。将"LoRA加载器"和"Load AnimateDiff+CameraCtrl Model"节点都设置为之前下载的AnimateLCM模型。将"空Latent"节点的"批次大小"设置为16或者更大，然后生成，以检验工作流能否正常使用。

如果直接生成，很可能会导致系统报错。可能的原因是插件不是最新版本，解决方法是在管理器中更新全部插件，待更新完成后刷新。如果还是报错，那么一般是缺少某个输入或者输入调用为空的问题。就像这里，使用了摄像机镜头控制，但是没有加载摄像机镜头控制的专属节点，这会导致系统运行到"K采样器"节点时报错。如果不深入研究，那么可能会以为是采样器的问题。

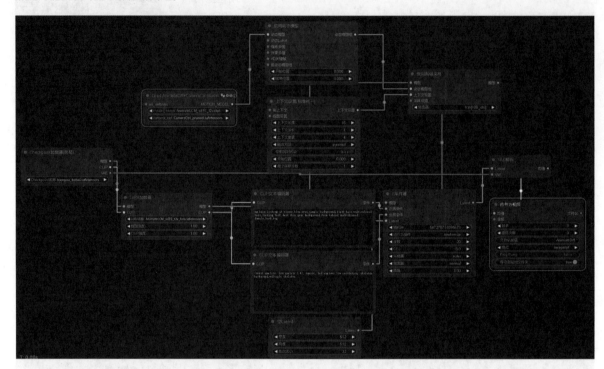

下图是调整后的LCM控制节点。从简单LCM节点组进阶到能控制镜头的LCM节点组，其中最重要的就是"应用镜头控制到AnimateDiff模型"节点，且这个节点接入"镜头控制姿态"和"动态LoRA"端点。"动态LoRA加载器"节点可以在GitHub的ComfyUI-AnimateDiff-Evolved项目中下载。"镜头姿态""加载镜头控制与AnimateDiff模型""动态LoRA加载器"节点都是连接"应用镜头控制到AnimateDiff模型"节点的，而"AnimateDiff采样设置"和"上下文设置（标准统一）"节点是连接"使用高级采样"节点的。

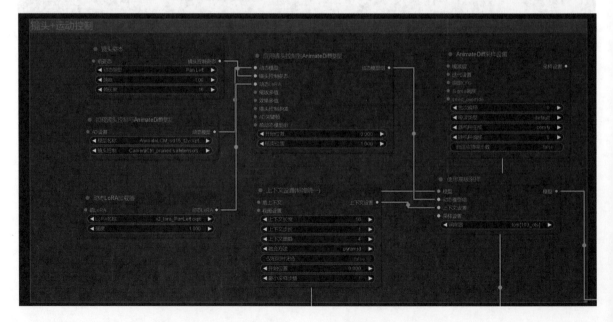

为了更好地控制画面的采样步数，可以创建一个"自定义采样器"节点，将原先的"K采样器"节点删除，并创建"LCMScheduler"和"SamplerLCMCycle"节点，以连接对应端点。具体设置参数可以根据需要调节，"LCMScheduler"节点的"steps"常见数值为6～10，"SamplerLCMCycle"节点的"euler_steps"和"lcm_steps"常见数值为2～4。读者可以自己尝试对比不同数值的区别。

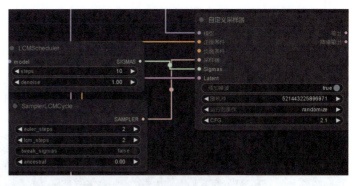

完成上述操作后生成视频以查看效果。如果视频正常输出，节点正确生成且不报错，那么就没有太大问题。将LCM工作流程的动作及镜头控制组标为红色，将默认工作流和合并视频的节点标为绿色，最后将"自定义采样器"节点和LCM控制部分标为紫色，"LoRA加载器"节点是默认的灰色，以便阅读。

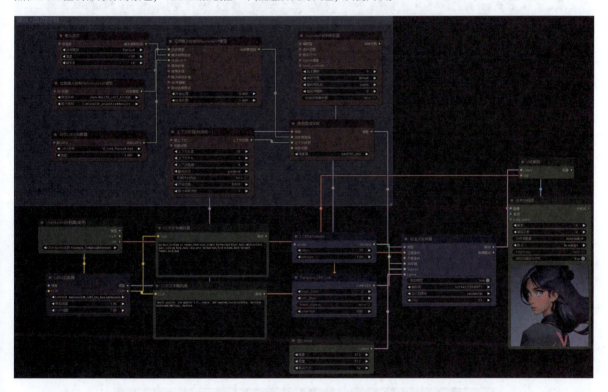

此时工作就已经完成一大半了，接下来介绍如何用这套工作流配合IPAdapter和Steerable Motion插件来制作从图片到图片的可控运动。

保存当前节点组，做一个配置文件，以便日后调用。在节点管理器中搜索"Steerable Motion"，会出现两个选项，第1个选项中的版本就是需要用的版本，第2个选项中的IPAnimate版本是基于ControlNet和IP-Adapter来绘制逐帧动画的，在可控效果上与基于AnimateDiff的Steerable Motion稍有不同。如果在节点管理器中安装失败，那么可以从GitHub项目里直接下载压缩包，解压后放入"Comfy UI"文件夹中的"custom nodes"文件夹里。

安装后就可以在节点组里找到"Batch Creative Interpolation"节点了，将"IPAdapter加载器""CLIP视觉加载器"节点和两个"IPA Configuration"节点连接到对应的位置。

将两个"IPA Configuration"节点的"ipa_stars_at"和"ipa_ends_at"分别设置为0.25/0.50和0.50/0.85。这几个参数的设置仅供参考。

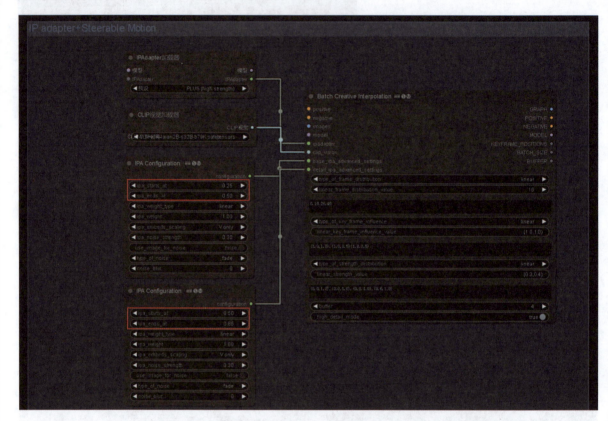

将之前的LCM工作流加载进来，然后创建一个高级ControlNet的基础节点工作流，把它们连接起来。顺序依次是"Batch Creative Interpolation""ControlNet应用（高级）""自定义采样器"。需要注意的是，SparseCtrl相当于专门为视频动态优化的ControlNet，需要下载对应的SparseCtrl模型。如果你的模型库里没有对应的模型，那么"SparseCtrl加载器"节点会显示读取到的ControlNet模型。由于直接使用会导致报错，因此需要下载并更换。

下载模型相对简单，直接在AnimateDiff的GitHub官方项目界面往下滑动就能找到并下载。下载rgb模型或者scribble模型都可以，建议两个都下载下来，以便使用时切换。

▼ AnimateDiff v3 Model Zoo				
Name	**HuggingFace**	**Type**	**Storage Space**	**Description**
v3_adapter_sd_v15.ckpt	Link	Domain Adapter	97.4 MB	
v3_sd15_mm.ckpt.ckpt	Link	Motion Module	1.56 GB	
v3_sd15_sparsectrl_scribble.ckpt	Link	SparseCtrl Encoder	1.86 GB	scribble condition
v3_sd15_sparsectrl_rgb.ckpt	Link	SparseCtrl Encoder	1.85 GB	RGB image condition

下载完毕后直接将模型放入ControlNet的模型文件夹中即可。注意，初次安装时，刷新后才可看到。

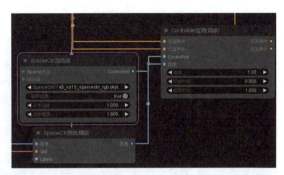

在正式连接之前建议读者安装ComfyUI Impact Pack插件，这个插件的功能非常丰富，它的"制作图像批次"（Make image Batch）节点可以完成多张图像的输入。

将两张风格不同的图像加载进来，然后让AI工具将其中一种风格的图像转换为另一种风格的图像。

按顺序连接节点，并补齐必要端点缺失的地方。将"Batch Creative Interpolation""加载图像"等节点标为黄色，将"SparseCtrl加载器"等节点标为青色，其他节点依旧延续上文颜色，以便阅读。整个流程的核心是"模型"数据的连接路径，即从"Checkpoint加载器（简易）"节点出发，依次经过"Batch Creative Interpolation"节点和"使用高级采样"节点，最终到达"自定义采样器"节点。只要抓住这条主要线索，就能很轻松地补完剩下的节点线。如果能正常生成视频，说明连接正确。

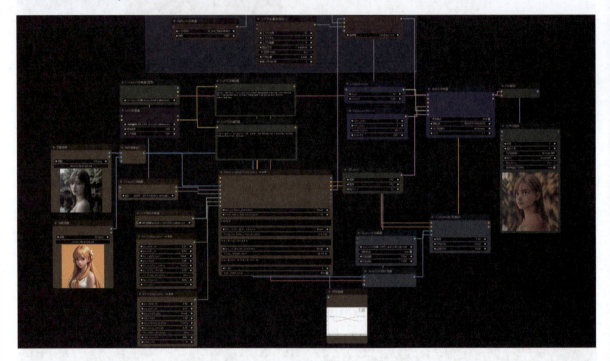

连接"Batch Creative Interpolation"节点右侧的"GRAPH"（图像）端点，生成的图像如下图所示。这个图像其实代表了IP-Adapter对不同图片生成的影响，这个数值是由"Batch Creative Interpolation"节点的所有参数共同决定的。

例如，在默认的效果中，在"type_of_frame_distribution"中可以选择"linear"（线性）或者"dynamic"（动态）。"linear"使得曲线的变化幅度相对缓和，过渡比较平滑。如果选择"dynamic"，那么可以通过调节下面文本框中的数值来控制画面，如"0,10,26,40"，可以简单理解成第2张图片进入画面的帧数是10，第3张图片进入画面的帧数是26，以此类推。数值根据自己的需要调节即可。

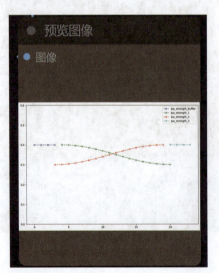

"type_of_key_frame_influence"同理,只不过是通过(X,Y)的形式来控制的。例如,在"linear"模式下,如果X为3、Y为1,那么代表1号图像的绿色曲线就会更早接触代表2号图像的红色曲线,也就是1号图像会更早转化为2号图像。X的数值越大,1号图像转化成2号图像所用时长越短,1号图像存在的时间就越短。

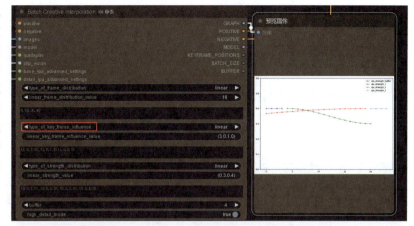

若Y为3、X为1,那么1号图像存在的时间会更长,2号图像存在的时间会更短。如果切换为"dynamic"模式,可以用更多的参数来控制图像。

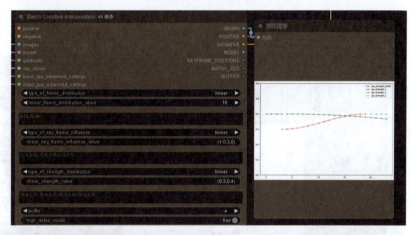

但是这里的数值有上限,纵轴最大只有0.4,即使数值再大也无法超过$Y=0.4$这条直线,所以数值一般设置为0～0.4即可。

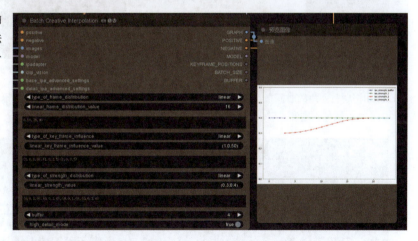

最后是"buffer",它的作用类似于AI工具给视频开头和结尾进行过渡。"buffer"的默认数值是4,也就是开头过渡4帧,结尾过渡4帧,可以通过调节这个数值使动画过渡更加丝滑或者更有割裂感。

此时稍微复杂的工作流程也已经完成了,如果想让画面从二次元风格变成写实风格或者其他艺术风格,那么这套流程非常合适,它的可控性强于Deforum插件,且对计算机性能的要求也相对较低,制作速度还不慢。

📋 小作业

尝试用这套流程对两张相连的漫画分镜稿进行动画化,使动画过渡更加流畅。

6.3 视频后期处理

本节以一个简单的视频为例介绍如何对导出的视频进行后期修改和剪辑，并配上合适的音频。

6.3.1 内容修改及润色

下面以《海底两万里》AI短片为例进行视频后期内容修改的介绍。利用写实模型针对3个分镜生成3个画面，然后用AI动画工具驱动画面的方式让整体动起来，最后利用剪辑软件合并成一段视频。

将合并后的视频拖入After Effects中并创建新合成，然后将视频内容拖入下方"合成1"的图层列表中，选中视频内容后单击鼠标右键，选择"变换>适合复合"命令，让画面快速填充屏幕并对齐。

随后拖动右下角的时间指示器，查看所有视频内容是否完整加载，播放有无问题。确认没有问题后，可以先保存工程，防止软件意外崩溃。

这一段故事主要发生在深海中，因此画面色调应该以深蓝色、青色和黑色等为主，可以简单理解成色调偏昏暗。为此，需要调整画面的色彩，做一些简单的调色工作。当然也可以直接在AI绘画的过程中进行调色，不过手动调色依然是较简单、快速和直观的方式。

在左下角图层面板空白处单击鼠标右键，选择"新建>调整图层"命令。After Effects的图层和Photoshop的图层是类似的逻辑，调整图层类似于Photoshop中的空白图层，可以通过在这些空白图层上调色或者添加特效来改变画面，而不会影响原视频。

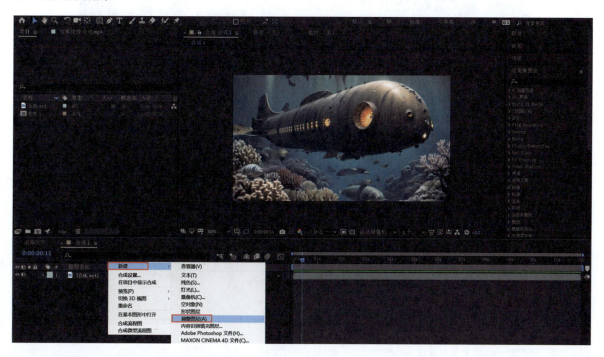

创建调整图层后，将其拖动到原视频图层的上方，然后选中调整图层并单击鼠标右键，选择"效果>模糊和锐化>锐化"命令。这里我们先给画面加一层"锐化"效果，提高画面中物体边缘的对比度，增加一些画面细节。这一操作对一些分辨率较低的画面有很好的提升效果。

创建完"锐化"效果后，可以在左上角的"效果控件"面板中找到添加的效果。这里的画面分辨率相对较低，所以将"锐化量"设置为50，可以看到潜艇外壳的细节有了明显改善。

下面左图是锐化前的效果，右图是锐化的效果，在直观的对比下可以看到细节改善明显。

最后，调整画面的亮度和对比度。先新建图层，然后为了方便辨认，将之前的调整图层重命名为"锐化图层"，将新建的图层命名为"亮度和对比度"。再用鼠标右键单击"亮度和对比度"图层，然后选择"效果>颜色校正>亮度和对比度"命令，也可以在右侧的"效果和预设"面板中搜索"亮度和对比度"，然后将该效果拖入"亮度和对比度"图层。

调整画面的亮度和对比度，可以设置"亮度"为5、"对比度"为15，以这种方式增加画面亮处和暗处的对比，让画面更加立体。

Tips / 调整画面明暗强度时需要注重整体效果，在单帧下调色效果较好不代表应用于整段视频效果也好，需要避免过曝、过暗等情况出现。

如果觉得画面主体不够突出，那么可以选中亮度和对比度调整图层，然后在左上角选择"蒙版工具"▣，创建合适的蒙版。这里潜艇整体类似于矩形，所以创建矩形蒙版大致覆盖潜艇主体。

用蒙版将潜艇覆盖后可以看到"亮度和对比度"图层下方有了蒙版选项，将"蒙版羽化"数值调大一些来让蒙版边缘和画面的过渡更加自然。需要注意的是，使用蒙版后，"亮度和对比度"效果就不再影响蒙版外的区域了，只对蒙版内的内容有效。

接下来可以为画面的亮处添加一些色调分离效果。使用EFX Chromatic Aberration插件，能很方便地制作出色调分离效果。先安装EFX Chromatic Aberration插件，然后新建一个调整图层并命名为"色调分离图层"，最后在"效果和预设"面板中搜索插件并将其拖入图层进行使用。

可以使用"钢笔工具"  在画面中的两个高光处绘制封闭图形作为蒙版，并调节"蒙版羽化"和EFX Chromatic Aberration插件的"Amount"数值，一般设置为0.10～0.30即可，不可过大，否则会产生严重的色散。

一般使用Film Convert Pro插件对画面进行简单调色，它能很好地调出简单的电影感。新建一个"调色图层"，然后将安装好的Film Convert Pro插件拖入图层。注意，刚拖入插件时，插件默认开启了一些参数，会导致画面色调变得比较奇怪，此时只需将所有参数都调为0以关闭默认效果即可。

在插件的"Film Settings"中，默认的数值都是100%，将所有参数都调为0%即可恢复为原画面效果。

在画面的调节上，可以稍微增大一点"Film Color"（胶卷颜色）和"Curve"（曲线）的百分比，最后增大一点"Grain"（颗粒感）的百分比。在色轮的调节上，将"Shadows"（暗面）调节得偏深蓝一些，将"Midtones"（中间调）调节得偏青一些，将"Highlights"（高光）调节得偏黄一些（增强太阳光感）。

最后创建画面暗角，这里以第2个分镜场景为例。为了突出人物特写及表情，可以用暗角来降低画面周围的亮度，从而起到将视觉中心放到人物表情上的作用。

先创建一个调整图层并命名为"暗角图层"，然后在图层中添加"亮度和对比度"效果并创建椭圆形蒙版，接着勾选下方蒙版旁边的"反转"选项来影响遮罩以外的画面，并增大"蒙版羽化"的数值，提高蒙版和画面的融合度。随后减小"亮度"的数值至负值，注意跟在负号后面的数不要过大，以免和周围环境形成过度反差。

下面左图为原始效果，右图为添加暗角之后的效果，可以看到右图的视觉中心更加突出。

至此，简单的画面调色便已完成，总共用了5个图层。当然，在画面时长较长、视频风格变化较大时，调色难度会相应增加。因为除了需要关注颜色外，还需要观察示波器来调整暗部和亮部的细节。

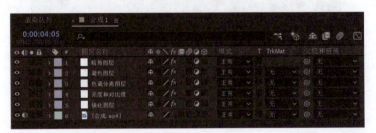

完成后期处理后，选择"文件>导出>添加到渲染队列"命令进行渲染和导出。

需要注意的是，需要在"项目"面板选中当前合成，如本例中为选中"合成1"，合成处于选中状态后再使用"添加到渲染队列"命令；当素材较多的时候，如果错误地导出了不该导出的内容且又没有保存想要的内容，那么必然会造成很大的麻烦。添加至渲染队列后，就可以在下方的"渲染队列"面板中看到"合成1"，单击蓝色文字可以设置输出位置，确认后就可以单击"渲染"按钮让After Effects完成渲染工作。

📄 小作业

发挥你的想象力，分别利用AI绘画工具和AI动画工具生成一段10秒的动画视频。

6.3.2 AI音频工具的使用

为了让视频看起来更加有趣，可以利用AI音频工具为视频制作背景音乐，使其更有氛围感。这里可以使用Suno来制作音频，在搜索引擎中搜索"Suno"并进入，它的界面很像常见的音乐播放器界面。

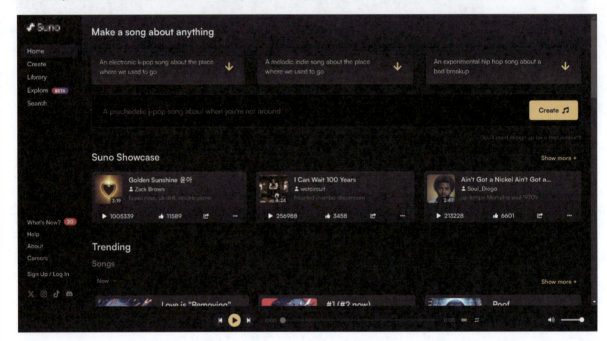

登录后进入"Create"界面，在左侧提示词输入框中输入想要的效果。不要输入过多要素，否则会有较为复杂的影响。这里的提示词很简单，需要注意的是，默认带有合成人声的效果。

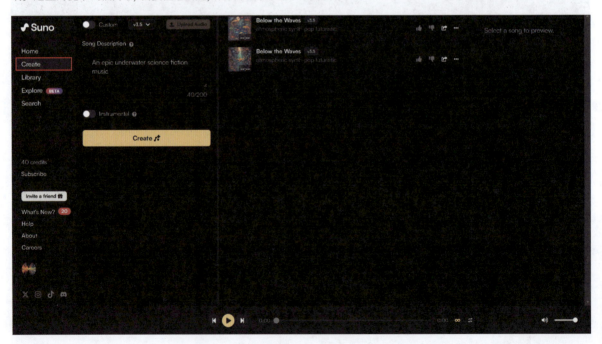

对于想要的音频，可以单击右侧的"更多"按钮，然后下载音频。

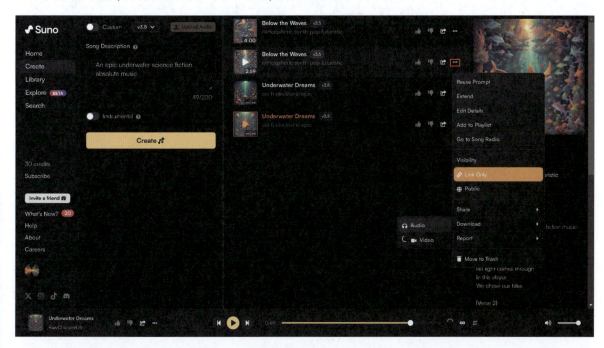

将音频和视频都导入Adobe Premiere Pro，然后将两者对齐，切除多余的音频部分，并在音频结尾加入"指数淡化"的音频过渡效果。

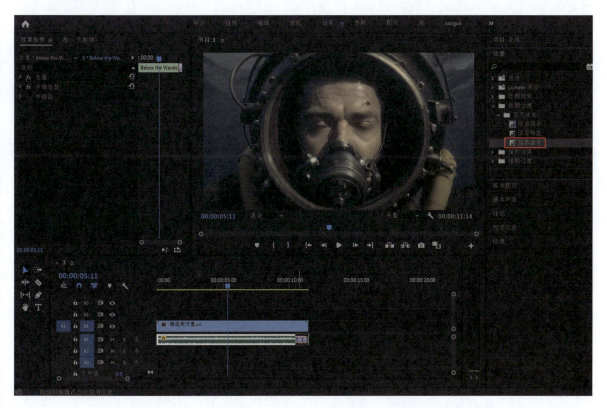

还需要添加一些效果音，如水下呼吸面罩内的呼吸声、鱼群游动声、潜艇航行声和水流声等，让画面更加生动。

最后选择"文件>导出>媒体"命令，导出视频。在导出设置中，需要在"基本视频设置"中勾选"以最大深度渲染"选项，同时在下方勾选"使用最高渲染质量"选项。如果计算机性能较弱，可以不勾选这两个选项，否则可能会出现导出时间较长或者软件崩溃等情况，需要注意保存好工程文件。

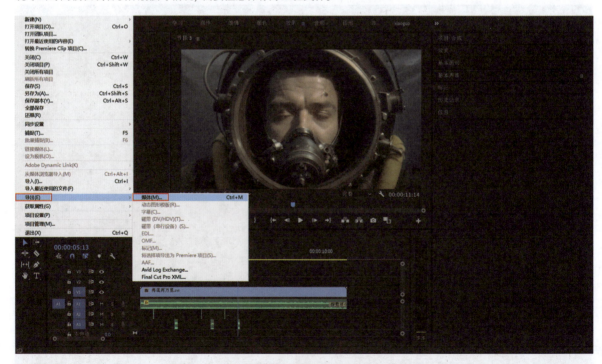

📋 小作业

尝试给你的视频添加上喜欢的音乐和音效，让视频变得更加丰富多彩。

第7章
AI 绘画与虚拟人的结合案例

本章介绍如何运用AI绘画工具绘制人物立绘样图，并结合AI-Vtuber和Live2D制作出可互动人物。这里以2D虚拟主播为主，因为这是最贴近AI绘画实际应用场景的部分。

7.1 利用AI绘画工具绘制人物立绘样图

本节主要介绍如何利用AI绘画工具绘制人物立绘样图。

7.1.1 确定人物的美术风格

一个人物的美术风格决定了这个人物形象的受众群体，美术风格可以自由选择，可以参考很多现有的素材效果，也可以利用AI绘画工具生成专属的形象效果。

相信大家对ControlNet的运用已经非常熟练了，如果你有3D软件基础，那么通过3D软件进行模型制作，再用AI绘画工具为其上色和制作贴图也是完全没问题的。

偏2.5D的美式卡通风格可以参考下面的效果。

比较精致的日系卡通风格可以参考下面的效果。

科幻制服风格可以参考下面的效果。

机甲风格可以参考下面的效果。

　　虚拟人物风格非常丰富，还有很多风格是AI绘画工具无法实现的。虚拟主播的形象制作过程并不能完全依赖AI绘画工具，还有立绘分层和拆分的工作需要画师完成，如果在绘制阶段就做好拆分需要的分层工作，那么将为制作Live2D形象节约大量的时间。

7.1.2　虚拟人立绘样图制作及优化

　　下面简单介绍如何利用AI绘画工具制作虚拟主播的立绘样图并进行优化。先下载一个方便制作虚拟主播立绘图的LoRA模型Character A-Poses / Vtuber reference pose (fullbody + halfbody)，这个模型能够让角色以A-pose的姿势出现在屏幕正中央，方便制作时参考。

Tips　A-pose是一种常见的3D模型姿势标准。在这种姿势中，模型的两条腿微微分开，呈A字形，双臂自然下垂。

下载模型并放置至LoRA文件夹后，就可以尝试生成喜欢的形象了。输入提示词，提示词越详细，画面的细节就越丰富。以机甲风画面为例，想要实现机甲覆盖全身的科技感，需要"sci-fi armor"（科幻盔甲）、"body"（身体）、"mechanical"（机械的）等词出现。

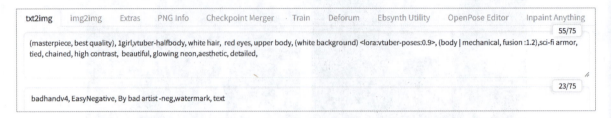

因为LoRA的原因，直接生成画面会有明显的模糊感，细节效果很差。

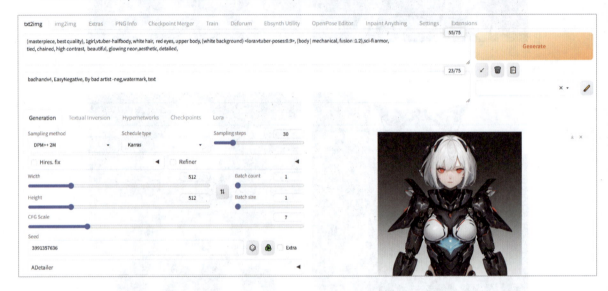

如果想要获得较好的效果，需要勾选"Hires.fix"选项，并调小"Denoising strength"（重绘幅度）的数值至0.3～0.5。如果不调整重绘幅度，会出现放大后的画面细节变动较大的问题。完成后就可以将参考画面导出，为画师绘制心仪形象提供参考。

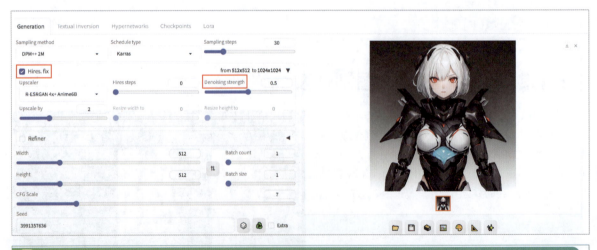

📝 **小作业**

尝试为心仪的角色绘制一张全身形象图。

7.2 利用AI-Vtuber和Live2D 制作可互动人物

本节主要介绍AI-Vtuber（一款集成了多种大模型技术的数字人虚拟直播软件）的安装与使用，以及如何搭配Live2D制作可互动人物。

7.2.1 软件安装及使用准备

进入GitHub搜索"AI-Vtuber"项目，下载全部所需文件。

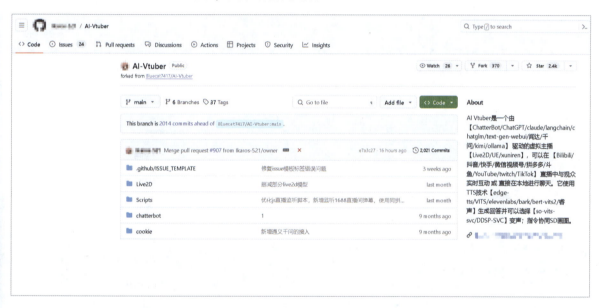

下载完成后将所有内容解压，解压后可以看到主要的配置文件。其中FFmpeg在"5.2.1 EbSynth安装方法"中已经配置过了，故此处不用配置，然后打开命令行窗口，并输入"FFmpeg"。如果没有报错，就表示可以正常使用。

按顺序依次单击这些脚本。在文件夹中双击启动程序，如果出现下面的界面就代表没问题。

找到哔哩哔哩（Bilibili）个人中心页面的直播中心，复制直播间ID，然后粘贴至"通用配置"界面中的"直播间号"，并将"平台"切换为"哔哩哔哩2"。

在"聊天类型"下拉列表中可以选择任意的大语言模型，为了使用网页版大模型，这里选择"通义千问（Qwen）"。

打开阿里云官网，找到DashScope并开通（首次使用需要进行实名认证）。

开通后进入DashScope管理中心，并找到"API-KEY管理"，创建一个新的API-KEY，然后将内容复制下来。

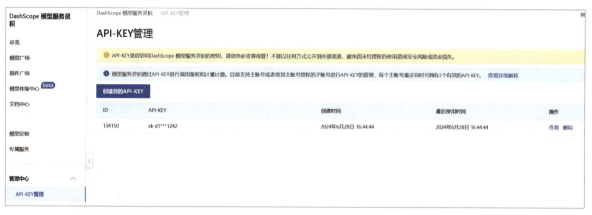

接下来回到AI虚拟主播界面，找到"大语言模型"界面，然后往下滑到"通义千问"模块，填写密钥和预设后单击左下角的"保存配置"按钮（默认的qwen-max有一定免费额度）。

在"通用配置"界面中将"聊天类型"切换为"复读机"以快速测试内容，然后进入"聊天"界面，单击"一键运行"按钮。运行后在"聊天框"输入文本并发送，如果内容能正常出现且有语言效果，就表示基本完成了。

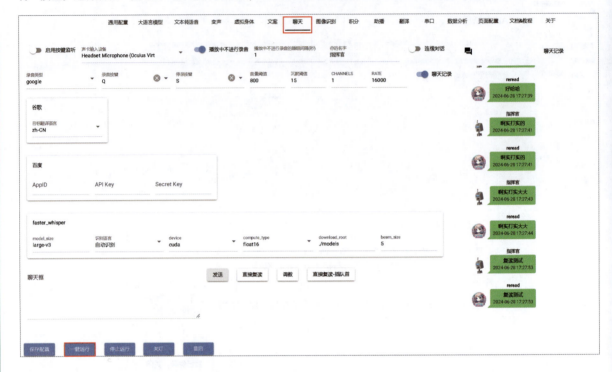

7.2.2 Live2D动画采集

下面介绍如何利用Live2D进行动画采集。切换到"虚拟身体"界面，在这里能输入很多软件或者视频播放器的API地址，也包括metahuman等3D模型的API地址。

以简单的内置Live2D为例，启用"启用"选项，然后在"模型名"下拉列表中切换至有模型文件的模型。设置好后单击"保存配置"按钮，再单击"一键运行"按钮。

将API地址复制进命令行窗口中"可以直接访问Live2D页"这一行。

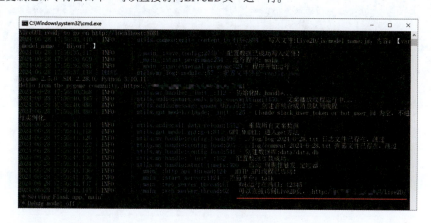

最后在浏览器中打开，打开的效果如下图所示，人物会跟随鼠标进行互动。

如果需要用到Open Broadcaster Software（OBS）进行直播，可以打开OBS，添加一个"窗口采集"，随后调节采集区域便可以放入直播间了。人物会随着互动做相应动作，相对比较有趣。虚拟主播的更深层次内容不是本书的重点内容，因为涉及的程序相对复杂，所以没有程序开发经验的读者尝试时需要多看相关教程。

📋 小作业

尝试用任意一个大模型网站来配置API并运用到自己的项目中。

第 8 章

AI 绘画网站及商业应用案例

本章介绍一些常用的AI绘画网站及AI绘画在电商设计、人像写真、建筑设计、漫画制作、IP设计和游戏美术设计领

8.1 常见的AI绘画网站

随着AI绘画在世界范围内的不断普及，已经有越来越多的网站支持在线绘画了。为了让计算机配置不高的读者也体验到AI绘画的乐趣，下面介绍一些常见的AI绘画网站。

8.1.1 LiblibAI

LiblibAI是出现时间相对较早的绘画综合体，包含下载模型、在线绘画等功能。这里以在线绘画为主进行介绍。在搜索引擎中搜索"LiblibAI"后进入官网，登录后单击左侧的"在线生成"。

该页面与Web UI的界面很相似，其中安装了常用的插件，其操作和Web UI是完全一样的。

"在线生成"页面的优势是内置了很多比较常见、效果稳定的模型，能够直接在页面左上角切换"CHECKPOINT"和"VAE"，同时还有常用插件，省去了复杂的插件安装流程。在输入提示词后，单击右侧的"开始生图"按钮即可进行AI图片的生成。

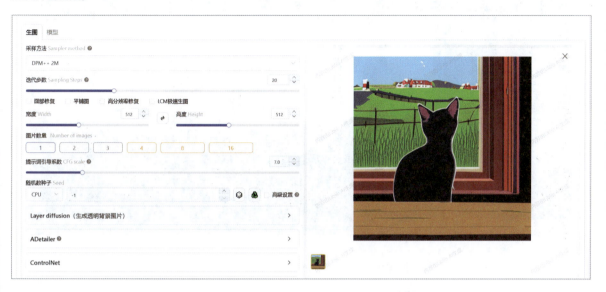

总之，LiblibAI是一个很方便验证想法的网站，它的资源丰富，适合计算机配置不高的初学者选用。但是它的很多功能都需要付费，对AI绘画进阶者来说性价比不高。

8.1.2 CIVITAI

CIVITAI作为世界范围内早期的AI绘画综合网站之一，影响力非常大。这里集合了各类AI绘画爱好者，有很好的创作氛围。在搜索引擎中搜索"CIVITAI"并进入首页，登录后单击右上角的蓝色"Create"按钮，从下拉列表中选择"Generate images"即可进行在线创作。

CIVITAI的在线创作页面左侧有非常多的选项。在"DreamShaper"中可以选择模型，单击蓝色的"Swap"按钮，可切换CIVITAI中使用的模型。

单击"Additional Resources"右侧的蓝色"Add"按钮可以添加其他选项，如Embedding、各类LoRA模型。

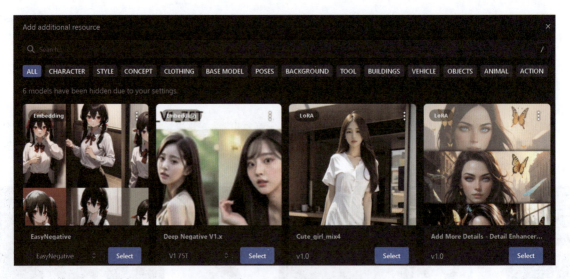

在下面可以输入提示词和选择画面输出的尺寸。

单击"Advanced"会展开更多选项，如"CFG Scale""Sampler""Steps"等。当然这些模块和本地部署的Web UI效果是一样的。

准备完毕后单击最下面的黄色"Generate"按钮就可以开始生成图片了。

CIVITAI的功能相对来说简单一些，没有Web UI那些复杂的插件，同时操作页面更简洁，类似于早期的NovelAI。总的来说，CIVITAI的在线绘画功能在世界范围内可以使用的模型和各类额外内容更多，但是它过于简单的操作使得一些复杂的应用方式无法实现，只能依靠提示词进行基础图片生成。

需要说明的是，CIVITAI和LiblibAI都可以在线训练LoRA模型，但是它们对训练LoRA模型的设置进行了简化，这使得其功能不完整。如果想要更好地实现效果，建议使用本地部署训练LoRA模型。

8.2 AI绘画与商业应用案例

在AI绘画工具的迭代过程中，AI绘画工具的可控性获得了大幅提升，同时生成图片的细节质量也在逐步提高。SDXL和Stable Diffusion 3的出现，意味着AI绘画工具已经迈入一个新阶段。这些AI绘画工具对模型的训练要求和对硬件（尤其是显卡）的要求越来越高。为了能让更多的读者进行实际操作，本节内容将以Stable Diffusion 1.5为主，这一版本只要求计算机显存在6GB以上。

8.2.1 AI绘画与电商设计

» 电商模特更衣

传统的电商模特产品图制作成本很高，而AI绘画的出现则最大限度地解决了这一问题，仅需一台计算机就可以完成一系列的产品图。目前的AI电商模特更衣有非常多的方式，如使用Web UI或者Comfy UI，其中还有很多细分方式，如使用Segment Anything插件分辨出衣服的蒙版，然后用ControlNet的Openpose模块识别衣服和人物姿势，最后再用AI绘画工具进行合成。或者直接用Photoshop抠出蒙版，再进行合成或用人台进行局部重绘等。GroundingDINO插件配合Segment Anything的识别效果非常强大，而且在制作程序脚本调用API的方式上也更加模块化，但缺点是对配置要求较高且安装复杂。下面先介绍最简单的方式，适合没有编程基础及基础薄弱的初学者，基础较好的可以略过。

先拍一张穿上展示衣服的正面照，用Photoshop对照片进行简单抠图后得到透明背景的图片。

因为照片的尺寸非常大，所以需要进一步处理才能放入Web UI中。将画布尺寸调整为512像素×768像素，然后缩放并调整好位置，再导出PNG格式的图片。将图片导入"Inpaint"（局部重绘）界面，然后利用白色画笔将衣服以外的部位全部涂抹掉。将鼠标指针悬停在画布左上角的信息标准上可以看到关于局部重绘界面的快捷键，熟练使用它们可以大大提升效率。

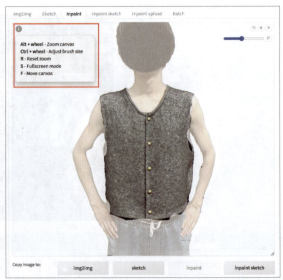

涂抹完成后，向下滚动鼠标滚轮找到局部重绘的参数界面，在"Resize mode"中选择"Crop and resize"，在"Mask mode"中选择"Inpaint masked"，在"Masked content"中选择"fill"，保持"Inpaint area"为"Whole picture"，将画面尺寸调整为512像素×768像素。这里用的是写实模型，采样方式使用的是"DPM++ 3M SDE"，保持"CFG Scale"的默认数值，"Denoising strength"（重绘幅度）的数值一般在0.70～0.90。

最后要注意的就是提示词了，提示词中一定要有能体现服装特点的内容。如果服装是一件灰色背心，那么一定要有"grey vest"这种提示词，只有这样AI绘画工具才能准确识别内容。其余的内容可以自己填写，可以对模特的外貌、动作以及模特所在的背景等进行进一步描述。

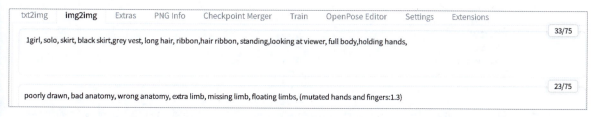

当确认提示词没有问题后就可以生成图片了。图片的大致效果较为接近真实人物照片，唯一的缺点就是手部细节稍显不足，这个问题可以通过添加反向Embedding集合或者使用ADetailer这类人物细节优化插件来解决。

下面介绍进阶操作。如果你觉得Segment Anything的安装有些复杂，不妨试试使用Inpaint Anything进行操作。Inpaint Anything的安装非常简单，只需要在插件目录中寻找并安装或者从GitHub安装即可。安装好后进入Web UI就可以看到多了一个"Inpaint Anything"界面。

　　在界面左侧的"Segment Anything Model ID"下拉列表中选择前两个模型并单击右侧的"Download model"按钮下载即可。这里选择前两个模型是因为相对来说它们的效率较高且质量较好。

　　选择好模型后上传一张照片，然后单击下方的"Run Segment Anything"按钮。可以在右侧看到图像的分割图，不同的颜色代表不同的物体组。

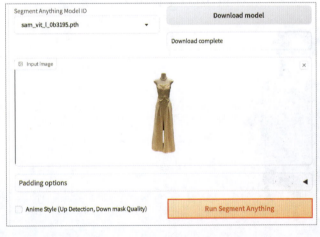

如果我们想要展示不同的上衣，那么就可以单击或者涂画，笔刷大小可以通过调节右侧滑块控制。涂抹的地方会生成蒙版，单击"Create Mask"按钮就会开始执行生成蒙版的操作。

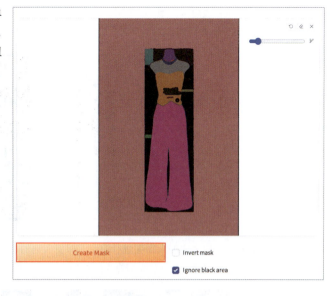

向下滚动鼠标滚轮就可以看到自动生成了合理的蒙版区域。可以输入任意提示词来改变它，如将上衣的颜色换为蓝色。生成模型之前需要在"Inpainting Model ID"下拉列表中选择一个合适的模型作为局部重绘模型并下载。当模型下载完成后就可以单击"Run Inpainting"按钮进行重绘了。

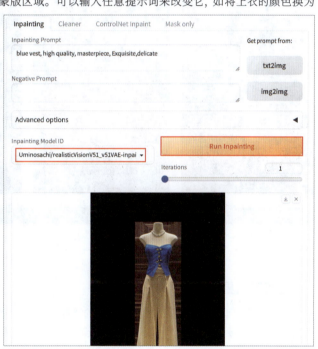

需要注意的是，单击右侧的灰色"txt2img"或"img2img"按钮可以将文生图或者图生图的提示词快速复制过来。如果对生成的图片效果不太满意，可以在"Advanced options"中调节采样方式、采样步数等进行调整。

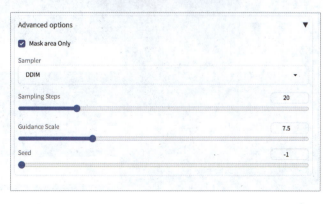

如果想要让蒙版覆盖更多区域，那么可以在蒙版绘制区域多绘制一些，如本案例中可以涂抹出裤子部分，这样提示词就可以影响到裤子部分了。

同理，这里用一张AI生成的人物图进行演示。保留人物的衣服、更换人物的长相在"Inpaint Anything"界面中也是非常简单的。需要注意的是，在实际操作的过程中应当尽量避免使用真人图像，防止侵权。

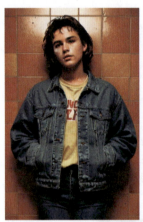

📒 **小作业**

尝试用你目前学到的各种插件及AI绘画方法为你喜欢的角色换装，看看在换装的过程中需要注意什么。

》电商产品更换背景图

下面介绍如何用Comfy UI更换电商产品的背景图。需要注意的是有一些额外的节点需要提前安装，在之前安装的节点基础上只需要再安装下图中的几个节点。全部安装完成后重启即可，注意全程都要开启网络加速。

	ID	作者	名称	描述	安装
☐	1	WASasquatch	WAS Node Suite	A node suite for ComfyUI with many new nodes, such as image processing, text processing, and more. Nodes: ImagesConcat, LoadImageFromUrl, AV_UploadImage	安装
☐	2	sipherxyz	comfyui-art-venture	**Conflicted Nodes:** 颜色校正 [ComfyUI-post-processing-nodes], 颜色混合 [stability-ComfyUI-nodes], SDXL风格化提示词 [ComfyUI-Eagle-PNGInfo], SDXL风格化提示词 [sdxl_prompt_styler]	安装
☐	3	cubiq	ComfyUI Essentials	Essential nodes that are weirdly missing from ComfyUI core. With few exceptions they are new features and not commodities. I hope this will be just a temporary repository until the nodes get included into ComfyUI.	安装
☐	4	storyicon	segment anything	Based on GroundingDino and SAM, use semantic strings to segment any element in an image. The comfyui version of sd-webui-segment-anything.	安装
☐	5	shadowcz007	comfyui mixlab nodes	3D, ScreenShareNode & FloatingVideoNode, SpeechRecognition & SpeechSynthesis, GPT, LoadImagesFromLocal, Layers, Other Nodes, ... **Conflicted Nodes:** 随机提示词 [ComfyUI-Malefish-Custom-Scripts], 透明图像 [ComfyUI-TrollSuite], 稳定VAE解码 [comfyui-consistency-decoder], 稳定VAE加载器 [comfyui-consistency-decoder]	安装

下面以电商常见的女包图为例，尝试给其添加背景，并表现光影，使之融为一体。

为了方便读者辨认，这里将整体工作流分为不同的颜色，分别是左上方的绿色"提示词"节点组，左边中间的黄色"SegAnyThing"节点组，左下方的蓝色模型及图像加载模块，即"Group"节点组，中间浅红色的"ControlNet"节点组，右边浅蓝色的"Latent"节点组，以及最下面的紫色"合成节点"节点组。

"Group"节点组由"图像调整大小""加载图像""Checkpoint加载器（简易）""预览图像"这4个节点组成，作用是把图像加载出来，同时确定需要的模型。

Tips 案例均使用SDXL模型，建议读者同步使用SDXL类模型，使用Stable Diffusion 1.5模型存在报错的可能。

"提示词"节点组用来输入需要的提示词，经过简化使用3个节点即可实现效果。左侧的"文本"节点中只需要输入当前图片的英文名称，它连接的是"SegAnyThing"节点组中"G-DinoSAM语义分割"节点左侧的"提示词"端点。其他两个"CLIP文本编码器"节点分别连接"ControlNet"节点组中"高级ControlNet应用"节点左侧的"正面条件"和"负面条件"端点。

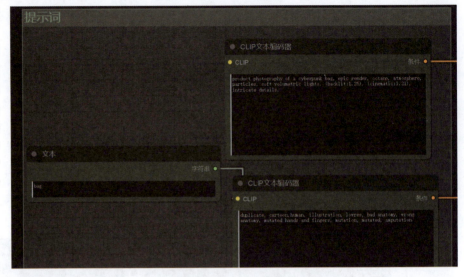

"SegAnyThing"节点组由"G-Dino模型加载器""SAM模型加载器""G-DinoSAM语义分割"节点组成。"G-DinoSAM语义分割"节点左侧的"图像"端点连接的是"Group"节点组中"图像调整大小"节点右侧的"图像"端点，而右侧的"图像"端点连接的是"合成节点"节点组中"图像遮罩复合"节点左侧的"源图像"端点和"Latent"节点组中"VAE内补编码器"节点左侧的"图像"端点。

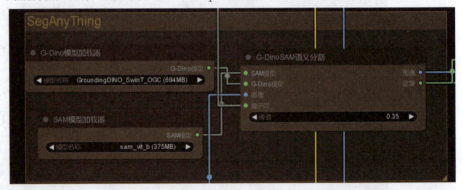

最后需要注意的是，"G-DinoSAM语义分割"节点右侧的"遮罩"端点连接的节点较多，分别与"合成节点"节点组的"遮罩模糊""遮罩扩展"节点相连接，同时还需创建一个"遮罩反转"节点并连接。因为需要用"遮罩反转"节点连接"VAE内补编码器"节点。如果不清楚"遮罩反转"节点的效果，可以创建一个"遮罩预览"节点和"遮罩反转"节点进行连接，这样就能看到反转后的遮罩样式。

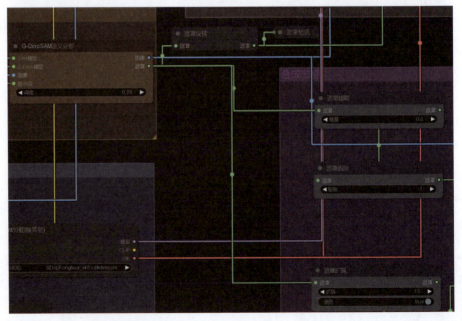

"ControlNet"节点组由"高级ControlNet应用""ControlNet加载器（高级）""Aux集成预处理器""预览图像"节点组成。从Hugging Face上搜索"control-lora"就可以查找到对应的control-LoRAs-rank256版本，然后下载depth版本即可。在"Aux集成预处理器"节点中选择"Zoe_DepthAnythingPreprocessor"预处理器。将"预览图像"节点的"图像"端点连接至"Aux集成预处理器"节点右侧的"图像"端点，在生成后就可以看到ControlNet对当前图像的深度检测预览图了。

这么做可以让AI对场景物体的识别更加准确，它是让AI理解物体对场景的影响，从而添加光影的重要一环。这里需要介绍的连接点不多，基本都是在节点组内互相连接，例如，"ControlNet加载器（高级）"和"Aux集成预处理器"节点连接"高级ControlNet应用"节点对应的"ControlNet"和"图像"端点，而"高级ControlNet应用"节点右侧的"正面条件"和"负面条件"端点连接"Latent"节点组中"K采样器"节点对应的端点。

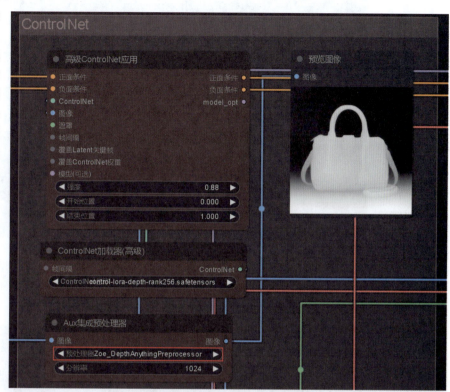

"Latent"节点组由"K采样器""VAE内补编码器""复制Latent批次"节点组成。这些节点都比较基础，在右侧创建"VAE解码"节点并连接"K采样器"节点即可。

"合成节点"节点组由"遮罩模糊""遮罩膨胀""遮罩扩展""图像遮罩复合""LaMa Remove Object""遮罩组到遮罩列表""图像批次到图像列表""预览图像"节点组成。如果一次只生成一个图像，那么可以忽略"图像批次到图像列表"节点。"图像批次到图像列表"节点左端连接到"VAE解码"节点右端上，其余节点按照下图连接即可。通过这个节点组能看到原图像经过合成的效果，也能看到图像被移除后遮罩边缘的效果。

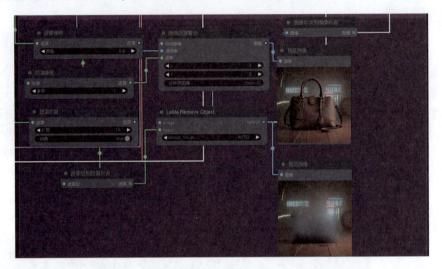

　　这一套工作流的核心是用Segment Anything从照片中提取出需要使用的物体，然后用ControlNet生成物体和场景的深度图，接着用提示词和图像遮罩来绘制需要的场景效果。这套工作流的应用十分广泛，几乎可以用这样的方式对任何物体进行场景替换或者光影融合。

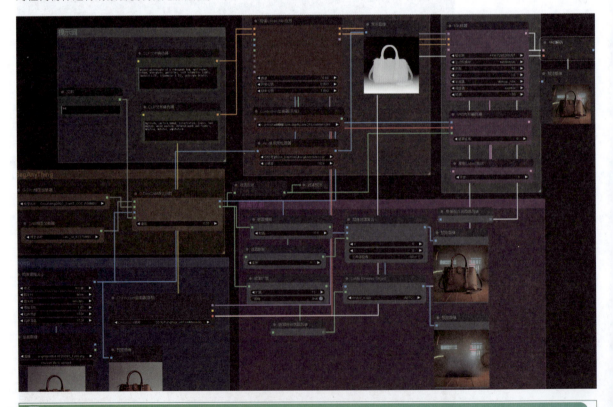

尝试将人物放入不同的场景，然后看看如何操作让人物在场景中融合得更加自然。

8.2.2 AI绘画与人像写真

下面介绍如何用Comfy UI制作人像写真。基于Comfy UI便利的节点化流程，可以快速复用和改造工作流，而且在批量制作方面能完成类似流水线的自动化作业。在开始之前需要安装KJNodes for ComfyUI和ComfyUI-IC-Light两个节点，因为本小节的重点是介绍IC Light插件。

使用IC Light插件需要下载对应的模型，可以在Hugging Face中找到并下载safetensors模型。将下载的模型放入"ComfyUI_windows_portable\ComfyUI\models\unet"路径下。

整体节点工作流如下图所示。左上方的"背景移除"节点组通过给图像制作遮罩及移除图像原背景来提取主要物体。左下方的"IPAdapter"节点组通过识别给出的图像来提供和原图融合的场景效果。右上方的"模型加载"节点组主要用于选择IC-Light模型及需要使用的Checkpoint模型和输入提示词。右下方的"照明生成"节点组作为手绘遮罩与IP-Adapter识别内容的集成中心，通过使用一个"应用ICLight条件"节点将"IPAdapter"和"背景移除"节点组的信息导入"K采样器"进行处理，并生成图片。在这个工作流中可以通过绘制原图任意部分来控制光线，使其出现在想要的位置。

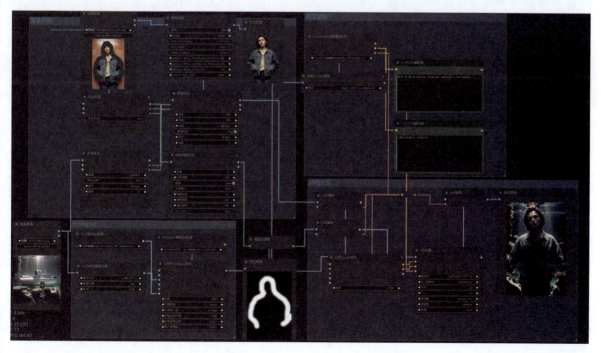

左上方的"背景移除"节点组由"加载图像""移除背景""预览图像""缩放遮罩""图像缩放""遮罩模糊生长"等节点组成。这里需要注意的是,"移除背景"节点的"透明"需要选择为"true"。

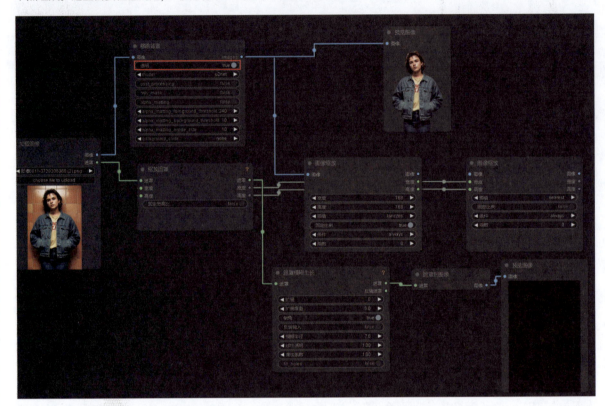

使用遮罩也很简单,在"加载图像"节点上用鼠标右键单击"图像"端点,选择"在遮罩编辑器中打开"命令即可。用默认画笔绘制想要光线出现的区域,如果想让光线沿人物边缘出现,类似轮廓光的效果,那么就沿着人物边缘绘制,绘制完成后单击"Save to node"按钮。

如果我们再运行一次就可以看到遮罩生成的样子了，"遮罩模糊生长"节点可以让遮罩的边缘更加柔和，过渡更加自然。需要注意的是，"图像缩放"节点右侧的"图像"端点连接的是右下方"照明生成"节点组中的一个"VAE编码"节点。

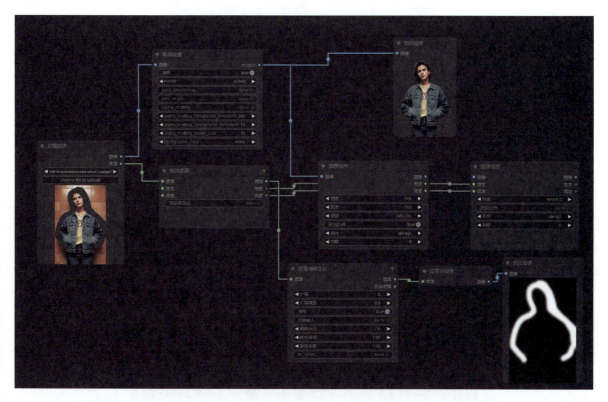

左下方的"IPAdapter"节点组的组成相对简单，由"CLIP视觉加载器""CLIP视觉图像处理""IPAdapter模型加载器""应用IPAdapter（高级）"节点组成。"CLIP视觉加载器"节点的模型建议选择后缀为b79K的模型。"IPAdapter模型加载器"的模型选择可以自由一些，取决于你在本地有哪些模型已经放进对应文件夹。"CLIP视觉加载器"节点的模型会自动联网下载。左侧的"加载图像"节点不仅连接了"CLIP视觉图像处理"节点，还连接了其右上方的"图像缩放"节点，注意不要遗漏。"应用IPAdapter（高级）"节点左侧的"模型"端点连接右上方"模型加载"节点组的"加载ICLight模型"节点，右侧"模型"端点连接"K采样器"节点。

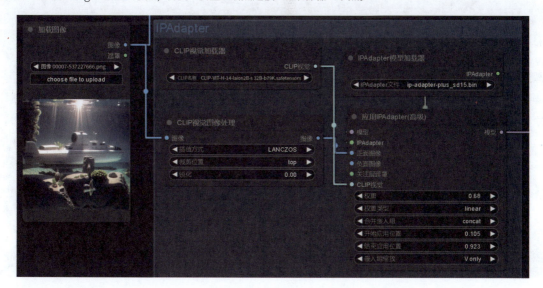

右上方"模型加载"节点组的组成相对来说比较简单。为了更直观，这里将其拿出来单独展示。

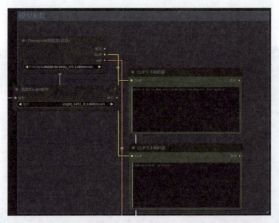

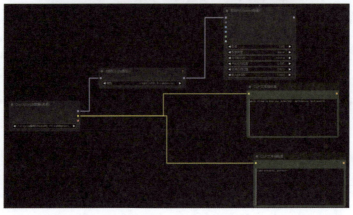

"照明生成"节点组由"VAE编码""应用ICLight条件""VAE解码""K采样器""预览图像"节点组成。其核心工作方式是将通过"背景移除"节点组获得的图像和遮罩相匹配，然后各自进行"VAE编码"。将原图输入"应用ICLight条件"节点的"前景Latent"端点，将遮罩输入"K采样器"节点的"Latent"端点进行合成，最后通过转换节点实现闭环并接入"VAE解码"节点。

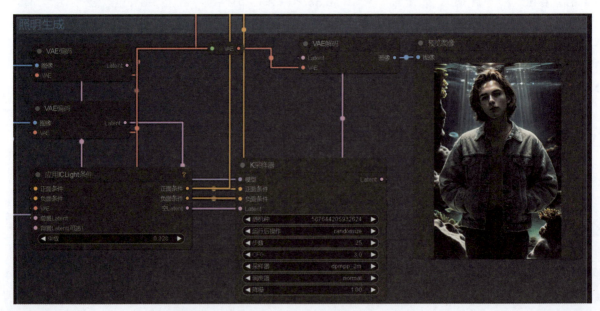

下图是大致的连接效果，有两条比较明显且重要的连接路径：一条是"图像缩放"（图像）—"VAE编码"（Latent）—"应用ICLight条件"（前景Latent）；另一条是"遮罩到图像"（图像）—"VAE编码"（Latent）—"K采样器"（Latent）。在转换节点的连接上比较容易，只需要将"Checkpoint加载器（简易）""VAE编码""应用ICLight条件"节点的红色"VAE"端点连接至"VAE"转换节点并输出给"VAE解码"节点即可。

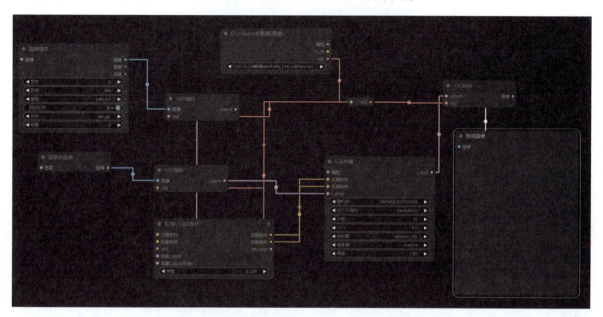

最后将提示词改为需要的场景效果描述即可，这样就能让AI工具在图和图之间建立起很好的联系了。如果想要不同的效果，那么可以调节不同的参数，如"K采样器"节点的"CFG"、"应用ICLight条件"节点的权重以及"应用IPAdapter（高级）"节点的权重等。

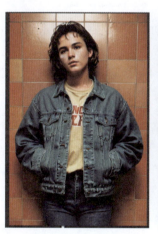 

8.2.3 AI绘画与建筑设计

传统建筑设计的周期较长，这使得很多项目进入堆人力、堆加班时间的恶性循环中，设计行业迫切需要一种能解放生产力的设计方式。AI建筑设计应运而生，随着ControlNet的火爆，AI建筑设计才真正走向可控且高效的方向。目前AI已经能够仅靠一张草图或者几个3D几何体生成精美设计图，无论是2D还是3D都能很好驾驭。唯一的缺点在于精确内容的可控性较低，无法直接通过提示词和图生图实现，所以需要多个插件的联动和更准确的提示词才能获得较理想的效果。

下面以一张2D的毛坯房图片为例进行介绍。先将图片处理成适合导入Web UI的大小，这里将其调整为600像素×600像素。

将图片导入Web UI中，打开"txt2img"界面，再将其导入ControlNet中，然后勾选"Low VRAM""Pixel Perfect""Allow Preview"选项，选择"Depth"选项。将"Preprocessor"改为"depth_leres"（第一次使用可能会要求先下载组件，注意保持网络通畅），预览可以看到房间的大致深度图，通过这种方式给图像一个深度通道。

在第2个ControlNet模块中选择"Scribble/Sketch"选项，并把"Preprocessor"改为"t2ia_sketch_pidi"，可以看到大致的线条图。这里用Scribble/Sketch模型而不是Canny模型是为了给图像更多的随机性，尽量减少毛坯房单一的线条对画面的影响。

当ControlNet工作准备完成后就可以输入提示词了。这里以一个简单的需求为例，甲方想要展示房子的客厅，要求效果尽可能通透且华丽，色彩以暖色系为主。从中提取关键词，如"living room"（客厅）、"warm color"（暖色系）等，再结合一些细节将提示词补充完整，如"French window"（通透感的落地窗）、"Crystal chandelier"（水晶吊灯）、"TV Background wall"（电视背景墙）、"Nordic style"（北欧风格）等，看看会有什么效果。

51/75

masterpieces,best quality,8k game cg,living room,marble floor,warm color,French window,Penetration feeling,Crystal chandelier on the top,Stick curtain wall on the front,TV Background wall on the right,Nordic style,modern art

6/75

worst quality, bad anatomy,

    整体效果还是可以的，AI工具加入了吊顶使得高度感和层次感都有所提升，左侧的落地窗搭配窗帘共同提升了整个房间的通透感。虽然单元式幕墙的本意并不是墙体加窗帘，而是一种用于楼房外侧墙壁的装修方式，可能是词库里面训练集相对较少，在这方面的识别并没有那么准确，但是不妨碍它提供灵感。

    如果对这个画面的水晶吊灯不是很满意，可以将其发送到"img2img"，然后发送到"Inpaint"。将除"Crystal chandelier"外的正向提示词全部删除，用局部重绘画笔将原先的吊灯区域全部涂抹掉，增加单次的生成数量后再次生成。当出现一张还不错的图片时可以先保留它。

下面以3D方式进行介绍,3D模型使设计者的设计自由度变得更高了。对3D设计师而言,寻找资产素材是非常容易的,当然也可以全部自己建模,然后让AI工具完成材质和渲染方面的工作。

> **Tips** 资产是设计行业中对各类模型的统称。例如,室内3D设计师的资产一般包括各种家具模型,如不同的沙发、不同的桌子等。

还是以这个毛坯房为基础,假设甲方想要的是一间粉色主题的儿童房。这时可以用Blender软件进行操作。打开Blender后创建一张参考图,导入毛坯房图片。

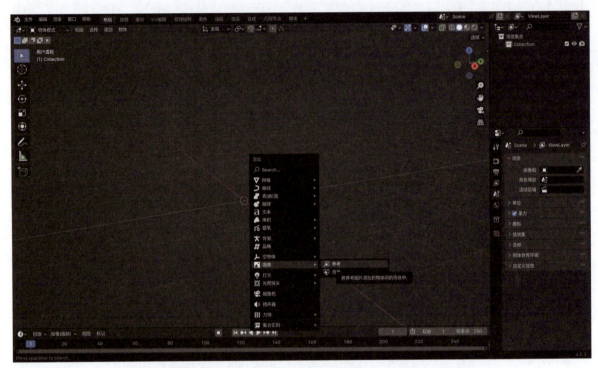

以一个立方体为参照物进行快速建模,并创建摄像机,将分辨率改为和图片一样的正方形比例。

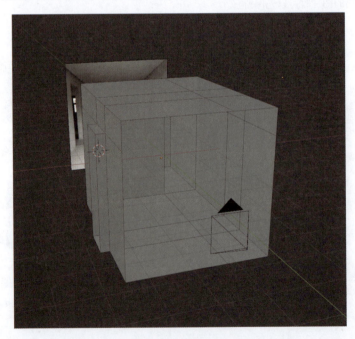

对资产进行简单处理并辅以简单建模后得到大致效果，不用添加和制作任何材质，将渲染交给AI工具。

将分辨率设置为1080像素×1080像素，然后添加一个任意的HDR（High Dynamic Range，高动态范围）贴图到世界环境中，利用当前摄像机视角渲染一张底模图。

将渲染出来的图片导入Web UI的ControlNet中，并选择"Canny"模型，调节"Canny Low Threshold"和"Canny High Threshold"的数值，直到能够正确显示物体大致轮廓为止。

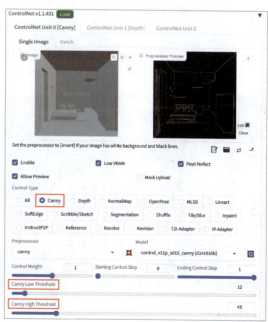

下一步开始优化提示词，其中直接描述儿童房的内容要放在靠前的位置，这样描述出来的效果会更加准确。正向提示词：masterpieces,best quality,8k game cg,girl bedroom,pink room,kids-bedroom,French window,Penetration feeling, curtain wall ,modern art,Plush carpet,wardrobe, delicate,dropped ceiling,interior decoration,girl toy,rabbit toy,cat,soft mattress,starred hotel,Pink background wall。

以512像素×512像素的尺寸生成的大致效果和预想效果接近，但是还有一些细节（如枕头和房间墙壁的细节）需要调整。这些可以通过高清修复提高分辨率并添加特定的反向提示词来解决。

如果觉得ControlNet对房间深度处理的效果不好，那么还可以用Blender自带的合成功能来获得更高质量且可控的深度图。以Blender 4.0为例，在右侧属性栏中找到"视图层"选项，然后在"数据"中勾选"Z"选项，即深度选项，就可以在合成面板中看到带有深度通道的渲染层节点。注意，只有先勾选了左上角的使用节点选项才能看到节点组。

创建"规格化""Invert Color""颜色渐变""预览器"节点，并按照下图进行连接。渲染后就会看到预览图出现在背景中了，如果觉得挡住了，那么可以按住Alt键并滚动鼠标滚轮，移动预览图。

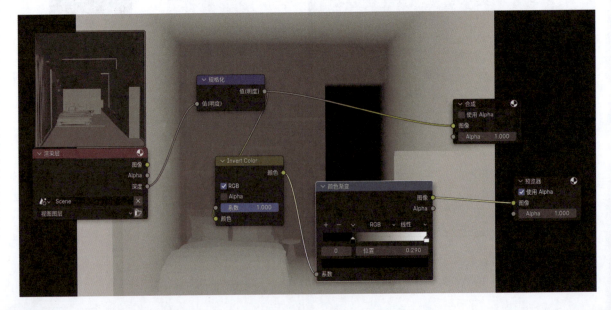

"颜色渐变"节点中的滑块可以移动。滑块越靠左,黑色部分离摄像机越远;滑块越靠右,黑色部分离摄像机越近。可以通过这样的方法更可控地获得深度图。

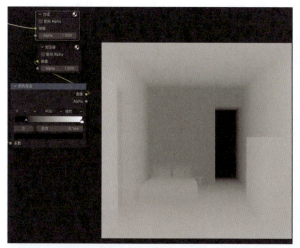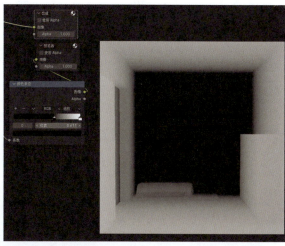

📄 **小作业**

尝试使用Blender和ControlNet将一张大平层毛坯房图片中空旷的房间变为华丽的大厅。

8.2.4 AI绘画与漫画制作

在漫画制作领域,AI绘画在连续性和剧情方面仍有很大的不足,但是简单做一做漫画还是没有问题的。目前常见的制作方式有3种,每一种都有各自的优点和缺点。第一种是线稿重绘,一般是由有经验的画师或者分镜师通过快速绘制线稿并交由AI工具上色来快速预览效果,或者供后续流程参考。第二种是分绘,画师一般会先画好场景,然后结合人物线稿或者直接用自己训练的专属角色LoRA模型配合ControlNet进行人物绘制,最后将绘制好的人物整合进场景中。也有场景和人物都由AI工具绘制完成的,但是这种方式不适用于连载漫画创作。最后一种则是用一种AI漫画制作软件或AI漫画制作模型进行漫画制作,如使用漫画LoRA模型来获得类似漫画的分页效果。也有用在线生成工具制作漫画的,当然可控性就不是很好了。

从可控性的角度来看,线稿重绘>分绘>完全AI,但是从效率的角度排序又是完全相反的。下面介绍分绘和完全AI的做法,由于对逻辑的要求不高,直接使用Web UI即可。在CIVITAI网站找几个合适的LoRA模型,直接搜索"Comic"即可。这里以Comic Style| Concept LoRA模型为例。

将LoRA模型添加进Web UI并输入提示词，随机生成一张类似漫画风格的图片，但是这样可控性较差，内容是完全随机的，并且在使用时不能将关键词写得太过具体，否则会导致只生成一张和关键词相关的图片，而和漫画关系不大。可以通过调节"CFG Scale"或者加入Composable LoRA插件来改进画面，但这治标不治本，这和LoRA训练使用的素材也有很大关系。如果某个LoRA模型的效果不是很理想，那么可以尝试其他的LoRA模型，不必纠结于一个模型的出图效率。

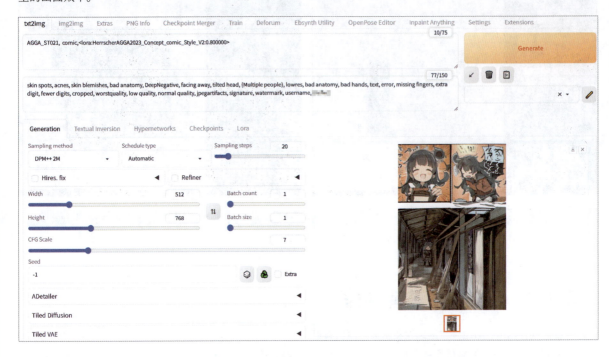

接下来用AI分绘的方式来快速制作一篇关于自制角色红枝的漫画。绘制出红枝的基础画面，例如，要想让红枝站在街道中，那么搭配"LoRA+ControlNet+ADetailer+高分辨率缩放"就可以得到对应图片。

用Photoshop绘制一个漫画的分镜框，然后分别创建图层并填充不同的颜色，方便后期将图片置入。

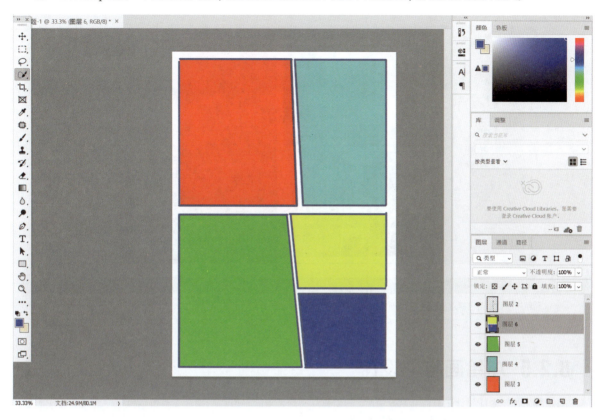

确定好不同板块的剧情分镜，然后生成对应图片并置入分镜框。如果想要更强的视觉冲击力，那么可以尝试将人物放置于框外，以让人物更突出，有一定立体感。

确认画面无误后，添加漫画常用的文字效果即可。

8.2.5 AI绘画与IP设计

AI绘画工具作为IP设计工具时非常好用，它的创意几乎是无限的。虽然AI绘画工具可以用多种方式进行IP形象的设计，但这里只介绍较简单的方式，以便读者理解。

确保计算机已安装一个能摆出人物不同角度形象的3D模型预览软件，无论是DAZ 3D、Blender还是Design Doll软件都是可以的。当然如果你有时间且会绘画，那么你也可以简单地画一张三视图的草图，这样能节省大量设计时间。下面用DAZ 3D快速创建一个人偶，并截取正视图、侧视图及后视图。

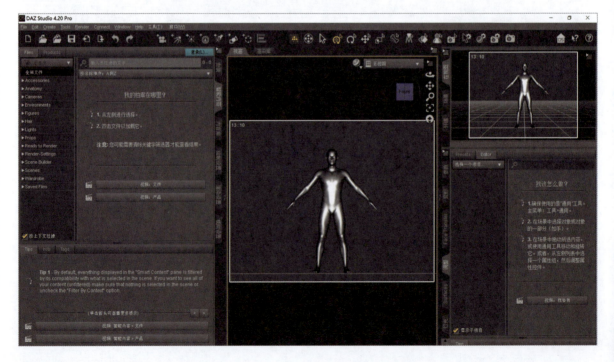

接下来在Photoshop中将这些视角的图片拼合到一张500像素×1000像素的图片中并导出。

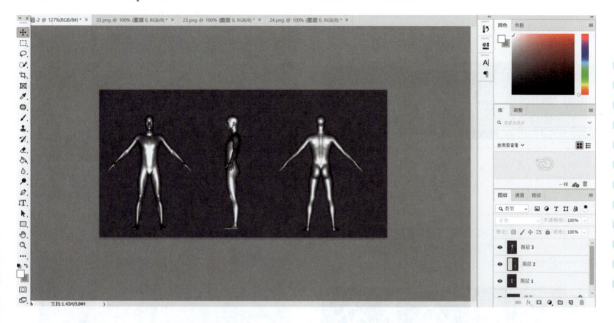

将图片导入ControlNet，然后选择"Scribble"模型。

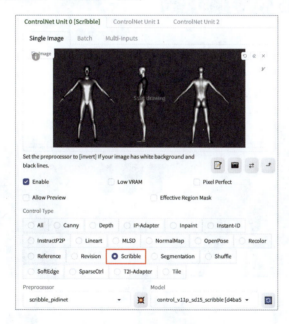

接下来输入提示词，其中"three view,front view,side view,back view"是比较重要的，这些提示词能让AI工具理解需要的是三视图而不是3个不同的人。反向提示词根据自己的喜好添加即可，这里添加的是通用反向Embedding集合。这里想要生成一套重装骑士的图像，因此加入了"knight,heavy armor"。

masterpiece, best quality, three view,front view,side view,back view,1man,knight, heavy armor

badhandv4, By bad artist -neg, EasyNegative, NegfeetV2, Oil Painting

最终用写实模型获得的图像效果如下。这里不建议使用Canny这类模型，因为Canny对边缘的描绘过于细致，可能导致最终生成效果和原图单薄的人偶画面差不多。如果需要绘制一些人体或者贴身的衣服可以用Canny模型。

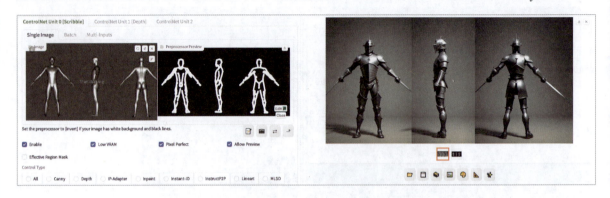

用相同的提示词，但使用2.5D甚至2D动漫模型，获得的效果会比较偏向游戏概念人设图。

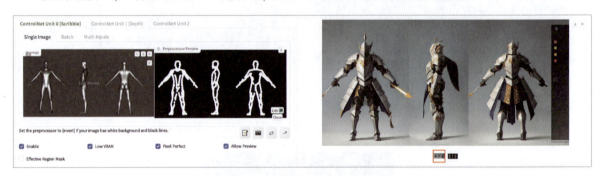

如果不启用ControlNet对三视图进行限制，那么生成的画面就会如下图般杂乱无章。

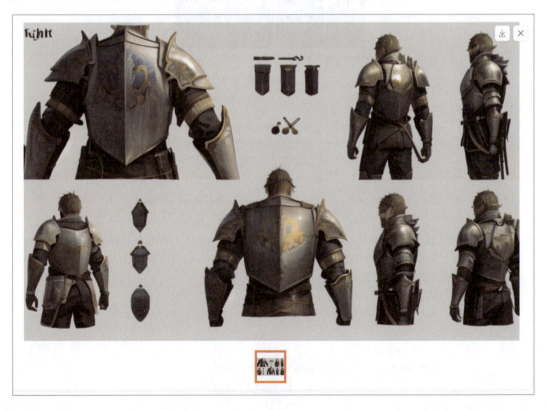

如果搭配LoRA模型，那么会得到更稳定的图像效果。例如，这里用红枝的LoRA模型，然后配合ControlNet导入三视图，在开启高清修复的同时开启ADetailer插件，会得到下面的图像，整体效果是比较偏向原始人偶的。

本小节用三视图做了简单的IP设计示范，除此之外，还有很多种方法，但最核心的是有一个稳定的主体LoRA模型，可以通过这个LoRA模型延伸出各类美术设计，如利用玩偶类LoRA模型或者盲盒类LoRA模型制作一些卡通玩偶或者盲盒等。

8.2.6 AI绘画与游戏美术设计

在游戏美术设计领域，AI工具已经有非常多的应用了。在如今的游戏公司中使用AI工具降本增效已经是必不可少的一个环节。

在新游戏的创造过程中，制作游戏Demo往往是最重要的。在制作游戏Demo的环节中，一般游戏主策划先提出概念，然后将概念内容分发给其他策划群体，由他们共同完成各个部分的功能设计，最后输出结果，拼成一个完整的游戏框架。这时一般会由游戏客户端用代码及游戏引擎来搭建基础Demo，并在这个Demo上验证玩法。而游戏美术的作用就是在Demo搭建过程中制作一些美术素材，如模型、UI和场景地图等。在AI工具出现之前，Demo的搭建往往是通过拼凑现有美术素材或者简单制作一些内容来实现的。随着AI工具可控性的增强，Demo的制作也变得越发简单。

最常见的是使用Web UI进行制作，其中最重要的方式之一是使用LoRA模型。接下来从2D场景地图制作、UI及道具Icon制作等方面进行简单介绍。下面以一个古风仙侠类游戏场景为例进行介绍。这里用Game Icon_Xianxia_Map这个LoRA模型，因为它生成的修仙场景十分贴近手游的风格。

将分辨率调为竖版的分辨率，然后开启高清修复，生成竖版画面。

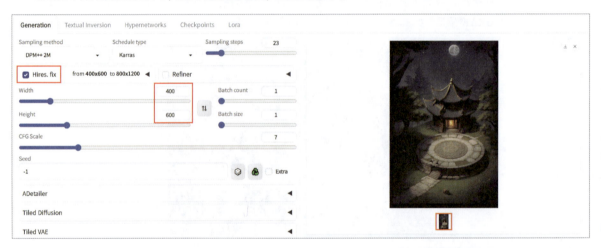

也可以使用一些武器类的LoRA模型搭配国风类的模型，让AI工具生成修仙武侠风格的武器或者道具。

如果想要一个特定的游戏人物形象，如一个活泼开朗、性格豪爽的男生，那么就可以将这些描述转换为相关提示词，然后让其不断地生成人物形象，直到出现一令人满意的人物形象。

AI工具在3D方面的应用介绍如下。可以用Blender简单创建一个盾牌，然后用AI工具给这个盾牌添加贴图材质。

关闭所有图标和网格后，截取盾牌图片，然后将其导入ControlNet，并选择"Depth"模型。

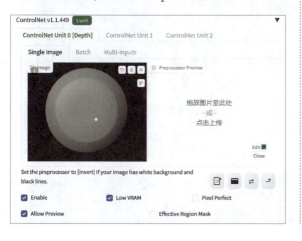

为了获得更好的贴图质量，最好开启高清修复，如果觉得效果不好，还可以同时运用Depth和Canny模型。

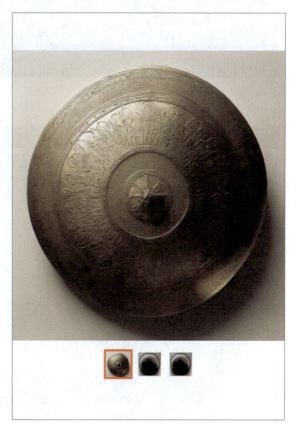

回到Blender，进入盾牌着色器节点，创建图像纹理，选择这张图片后将其连接至"原理化BSDF"节点，并调大"金属度"的数值，减小"糙度"的数值。

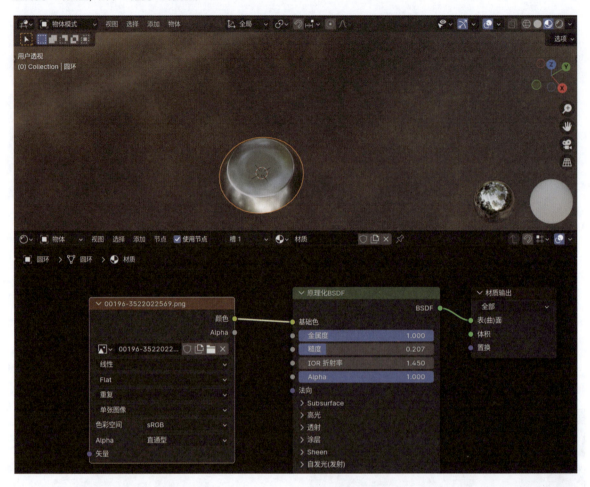

进入"UV编辑"界面，在编辑模式下全选当前物体，然后在右侧空白处按U键，选择"从视角投影"选项。

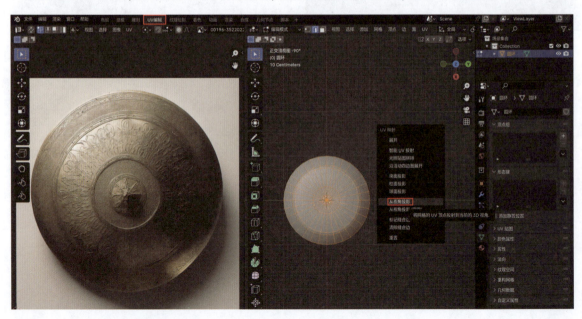

将UV缩放至图像大小，并调节到合适的位置。

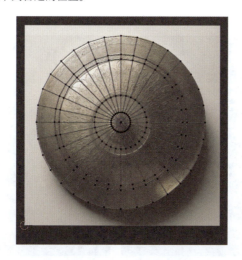

回到Blender的"着色"界面就可以看到效果了，适当调节"糙度"的数值，使效果看着更加自然。至此，初步准备工作已经完成，下面只需要调整模型细节即可。

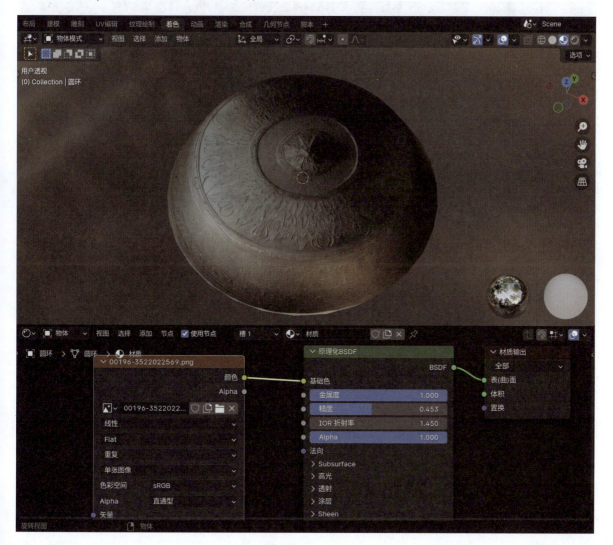

在和画面对应的轮圈处（紫色线条）添加循环边，并调节高度。在合适的位置（黄色线条）设置折痕边，使其结构更有立体感。

最后进入"雕刻"界面，为模型加一些纹理并丰富细节即可。

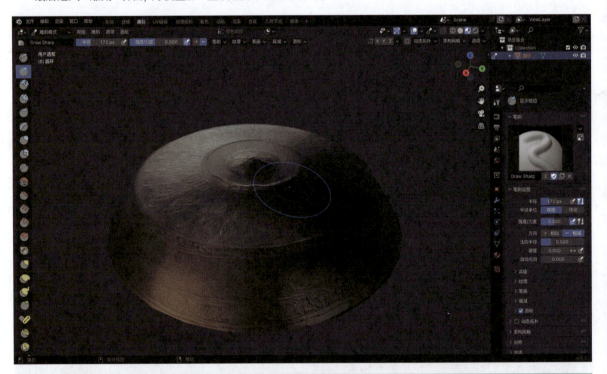

小作业

试用AI工具制作一套Q版国风游戏的道具，看看Q版道具如何做更合适。